男人是鲑鱼 女人是鳟鱼

男と女、なぜ別れるのか

渡边淳一 著

王超伟 译

青岛出版社

图书在版编目(CIP)数据

男人是鲑鱼 女人是鳟鱼 / (日) 渡边淳一著;王超伟译. —青岛:青岛出版社, 2018.12

ISBN 978-7-5552-7897-9

Ⅰ.①男… Ⅱ.①渡… ②王… Ⅲ.①性别差异—通俗读物 Ⅳ.①B844-49

中国版本图书馆CIP数据核字(2018)第248429号

男と女、なぜ別れるのか by 渡辺淳一
Copyrights：©2013by 渡辺淳一
This edition arranged through OH INTERNATIONAL CO. LTD.
Simplified Chinese edition copyrights：©2018 by Qingdao Publishing House Co., Ltd.
All rights reserved.

简体中文版通过渡边淳一继承人经由OH INTERNATIONAL株式会社授权出版

山东省版权局著作权合同登记号 图字:15-2017-237号

书　　名	男人是鲑鱼 女人是鳟鱼
著　　者	(日) 渡边淳一
译　　者	王超伟
出版发行	青岛出版社
社　　址	青岛出版社 (青岛市海尔路182号, 266061)
本社网址	http://www.qdpub.com
邮购电话	13335059110　0532-68068026
策　　划	刘　咏　杨成舜
责任编辑	霍芳芳
封面设计	末末美书
照　　排	帝矫文化传播有限公司
印　　刷	青岛国彩印刷有限公司
出版日期	2018年12月第1版　2018年12月第1次印刷
开　　本	大32开 (890mm×1240mm)
印　　张	5
字　　数	70千
印　　数	1-10000
书　　号	ISBN 978-7-5552-7897-9
定　　价	35.00元

编校印装质量、盗版监督服务电话　4006532017　0532—68068638
本书建议陈列类别：日本・畅销・随笔

目 录

其一　　基本生命力 / 001

其二　　面对寒冷 / 011

其三　　面对疼痛 / 023

其四　　出血的差异 / 035

其五　　表达能力 / 047

其六　　理性的好奇心 / 057

其七　　交游能力 / 067

其八　　关于嫉妒心 / 077

其九　　行动力谁更强 / 087

其十　　谁是美食家 / 097

其十一　男女性欲谁更强 / 107

其十二　谁更能面对逆境 / 117

其十三　谁更能顺应新环境 / 127

其十四　男女谁的性快感更强烈 / 137

基本生命力

其一

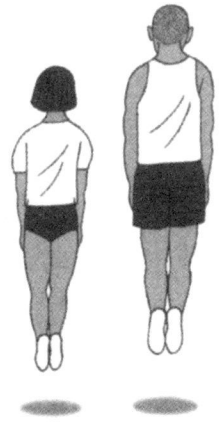

本质上，体格强健、运动能力卓越和长寿的生命力、妊娠分娩哺乳育儿的能力是两种完全不同属性的能力。

　　毋庸置疑，男人和女人各有各的优势。但是，在关系到人类繁衍这一根本问题上，女人的优势对于整个人类而言却是更有意义、不可或缺的。

男人和女人谁更强？对于这样一个问题，你会做出怎样的回答呢？

男人肯定会说当然是男人强了，女人大概也会做出相似的回答。确实，从一般意义上而言，这样的回答貌似正确和理所当然。

运动能力的差异

从小学时代开始，在涉及体力的所有方面，男女生比较起来无疑是男生占有绝对优势。

比如说跑步。百米赛跑中，百分之百是男生优胜。而在两百米、一千米等更长距离的赛跑当中，依然是男生压倒性地胜出。

再比如跳跃。男生无疑能跳得更高更远。

另外，现实中不可能发生的骑马战，如果真要比试的话，男人取胜是毫无疑问的。

诸如此类，比赛开始之前就胜负已定的领域，男女之间是不大会争论的。

这种男女之间的差异，从小时候起就已经分明，经过中学、高中、大学，随着年龄的增长继续扩大，到了成人以后，男人具有压倒性的优势就自然变成了毋庸置疑的事实。

因此，几乎在所有的体育运动中，都很难见到男女同台竞技。

正是基于如此显而易见的事实，"男人更强"的回答自然显得理所当然了。

平均寿命

现在，我们改变一下视角，用"生命力"的标准来衡量的话，会是怎样的情况呢？

对于这个问题，比较男女各自的姿势或动作显然无济于事。想要把问题弄清楚，必须参考过去有关男女的各种报道和统计。

我们首先看一下平均寿命。跟男女体格的差异相反，女性在平均寿命上远远超过男性。

2011年各国的平均寿命统计显示（根据WHO世界保健统计2013年版），日本平均寿命为83岁，跟瑞士、圣马力诺同列榜首。第四名包括安道尔、澳大利亚等11个国家。

另外，法国平均寿命也达82岁，美国和中国分别为79岁和76岁。

平均寿命较短的国家有中非和塞拉利昂，分别为46岁和47岁。

日本显然是世界上最长寿的国家，不过，男女的寿命有无差别，呈现怎样的情况呢？

先看一看男女不同的平均寿命。日本男性为79岁，位于世界第12位。日本女性则为86岁，位列世界第一。

由以上统计数据可知,日本是世界上屈指可数的长寿国家,从男女不同性别的平均寿命来看,女性要超出男性7岁。

从世界范围来看,女性比男性更为长寿并不仅限于日本,这是一种普遍现象。例如,瑞士的女性比男性长寿5岁,圣马力诺是1岁,安道尔是6岁。

此外,从世界各国的男女平均寿命来看,总体上女性要比男性长寿四五岁。

男性为什么寿命较短?

上述男女寿命的差异是怎样产生的呢?

有观点认为,这主要是因为男孩子活泼好动,喜欢争斗,再加上战争和其他冲突等原因,很多男性年纪轻轻就命丧黄泉。

但是,男女寿命的差异即使在战争中也只有4岁,为什么现在没有战争却达到7岁呢?

这似乎是因为,在长期和平的环境下,随着针对老年人的医疗技术的不断完善以及乳腺癌、子宫癌等妇科疾病医疗技术的提高,使得女性平均寿命的优势更加显著。

这样,婴幼儿的死亡率就变成了关键问题。

婴幼儿在五六岁之前死亡的居多,确实会对平均寿命产生巨大的影响。

现在的婴幼儿死亡率大致在2%到3%,从男女差别来看,男婴的死亡率略高于女婴。

确实,养育过男孩和女孩的母亲们常常会感叹:"男孩子往往比女孩儿更容易受重伤,小时候也更容易生病,更难抚养一些。"

实际上,日本自古就有"一姬二太郎[①]"的说法。

有人会认为它的意思是"生两个男孩和一个女孩最理想",这是错误的。它真正要说的是生孩子的理想顺序,即"因为男孩子太难养活,最好是先生女孩后生男孩,这样孩子容易养活"。

现在由于儿童医疗水平的提高,婴幼儿的死亡率已经很低,但是在以前,特别是江户时代,男孩子的死亡率非常高。

据说在江户城将军的后宫里,出生的男婴五成以上都会夭折,这

---

① 头胎女儿二胎男。生儿育女的最理想顺序。

使得将军职位由谁继承成了问题,也使得无数人因此而大喜大悲。

总而言之,从婴幼儿时期开始,男孩子就比女孩子体质弱,并且更容易患病。多数父母对此都有切身感受。

寿命的七岁之差

在了解以上事实之后,我们意识到有必要重新认识男女的平均寿命。此时一个必须关注的问题就是,现在成年男女高达7岁的平均寿命差异是正常的吗?

关于这个问题,我想很难用"男人脾气暴躁,容易受伤"这样表面上的理由解释清楚。男女之间生命力的根本差异应该是更为深层的原因。

不管怎么说,平均寿命既然存在如此大的差异,也就意味着在日本一般的家庭中,丈夫去世以后,妻子还要一个人单独生活七年。

但是,实际情况也许更糟。日本的大多数家庭中,男方都要比女方大两三岁到五六岁,在此基础上加上男女平均寿命的差异,就意味着丈夫要比妻子早去世十年到十二三年。

这当然也意味着在丈夫去世以后,妻子不得不一个人生活十年左右。

事实上,就拿老年人集中活动的社会设施来说,女性使用这些设施的人数占总人数的七到八成。

这种倾向并不只限于日本,美国和欧洲也同样存在。步入老年以后,跟男性相比,女性越来越富有精力,这似乎跟国籍和人种无关。

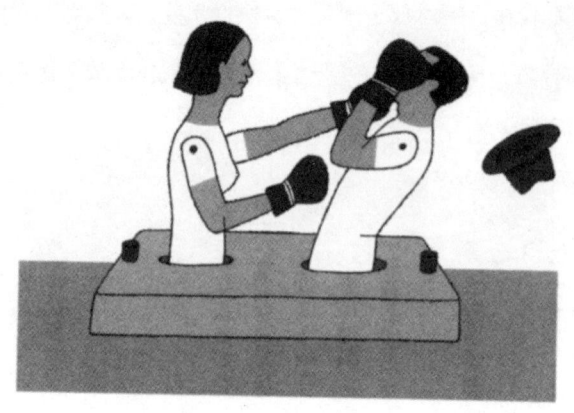

与此相反，步入老年以后，男性往往骤然衰弱，早于女性去世的情况占多数。

由于这个原因，虽然现在老年社区中很多老年人也在找对象谈恋爱，但是一个重大问题就是男性人数严重不足。

因此，经常出现两个女人争一个男人的情况，出现很多男性占优的三角恋。

这也是全世界的普遍倾向，目睹这样的现实，不禁想为广大男同胞们加油呐喊："男人们，要加油啊！"

身体能力和生命力

以上的事实再一次告诉我们，身体能力和生命力完全是两种不同性质的能力。

体格健壮、运动能力卓越并不意味着拥有强大的生命力且能够长寿。同样，身体纤弱、运动能力欠缺也并不意味着生命力弱。

这一点并不仅限于人类，生活在我们身边的小猫小狗也是如此。

一般而言，狗和猫的平均寿命都为十二三岁，没有太大的差异。不过从雌雄的角度来看的话，雌猫可以活到十一二岁，雄猫则只能活到七八岁，显然雌性比雄性更为长寿。此外，蜜蜂、蚂蚁等较小的生物也是雌性更加长寿。

那么，为什么在动物界当中也是雌性寿命更长、具有更强的生命力呢？

对于这个问题，大多数动物学家认为，"为了种族更好地延续"是最为合理的原因。

对动物而言，能够在各种条件下生存并繁衍下去是最基本的要求，要满足这个要求，与表面上的体能相比，雌性首先要健康且充满生命力。

相对而言，雄性的强壮只是瞬时性的，与种族延续这一根本性的问题无关。

实际上，一般认为一个女性具有生育六个孩子的能力。

现实中是否生育六个孩子另当别论，但是只要愿意，理论上任何一位女性都能做到。

女性的这种能力，跟男性那种在山野之中奔跑、与敌人战斗的能力没有任何关系。

相较之下，决定生命根源的基本生命力才是关乎人类生存的重要能力。

不同的强大

通过以上从各个不同角度的观察,我们发现,男人的强大和女人的强大在根本性质上是完全不同的。

表面上的体力和妊娠分娩生育孩子的能力,二者是性质截然不同的两种能力。

因此,将二者加以比较和探讨并非毫无意义。

大家都知道,男性和女性各自都有着自己的强项。

那么,男性和女性分别具有的强项中,哪一个对于人类的现在和将来意义更为重大呢?

答案不言而喻。

让人类繁衍永不穷尽。从这一根本意义上来说,女性的强项对人类而言具有更重大的意义,不可或缺。

本章至此得出这一结论,不知各位读者朋友是什么看法。

其二

面对寒冷

女性能够孕育子女。

每个女性都被赋予了贮存脂肪的能力,这是造物主意志和智慧的体现。对人类而言,女性的身体是造物主最为用心的作品,健康又有韧性。

我小时候滑雪滑得不错。

我的小学时代和中学时代都在札幌的园山度过,那附近有一个滑雪场,步行十五六分钟就到了。

因此,我经常在放学以后去滑雪,技术自然也不错。中学三年级的时候拿到了一级证书,还打进了全国滑雪比赛的预选赛。

由于札幌地区有很多滑雪高手,我没能成为正式队员。但是自认为水平不比来自本州的正式队员弱。

后来上大学以后就不怎么滑雪了,不过时不时也会跟朋友们一起滑一下。

大概是大学基础阶段二年级时候的事了,我们男女一行二十来人到附近的山里滑雪。

这里山很高,滑道也长,很值得一滑,就是难度有点大。

于是大家决定在那儿滑雪下山。编队的时候滑得最好的在队首,第二名排在队尾。

有一次我排在队尾负责断后,排在我前面的女生滑雪不够熟练,摔了几次都快哭了。

渐渐地我们跟前面的同学拉开了距离,雪也越下越大。我只好放弃下山的念头，找到一处雪檐突出的地方搭了个雪洞，两个人决定在那里避一避雪。

当时不像现在有手机，但是天还早，避一会儿雪再下山也不碍事。

就这样两个人在简单的雪洞里相互靠在一起，她不停地四下望着，很冷的样子。

虽然穿着滑雪衣，但可能是太瘦的缘故，她好像仍然觉得冷。

我把自己的风雪衣脱下给她穿上。

这次轮到我挨冻了。幸好一直以来都对她抱有好感，因此也就幸福地忍受着。

我就这样坚持了近一个小时。她紧紧地依偎在我身边，也让我有了些小满足。

终于等到雪过天晴，我们就一起沿山路而下，在山脚下跟大伙会合了。

我的身体当天一直没什么反应，但是到了第二天，我忽然发烧了，竟然严重到卧床不起。

我这才意识到发烧的原因是我把自己的风雪衣借给她，而自己衣着单薄地冻了近一个小时，但现在为时已晚。

于是我向朋友询问她的情况，得到的回答是一切正常。"那就太好了"，我一下子放了心。不过后来我才明白，原来是自己搞错了。

做手术后才明白

自那以后过了五六年，我成了一名外科医生。

自然做过很多手术，阑尾炎的手术当然也不在话下。

我那时候才明白，女性的身体内储存着超乎想象的大量的脂肪。

即便是看上去相当瘦的人，从腹部、腰部、大腿一直到肩部和胳膊都有大量脂肪。

之前始终不知道，原来正是这些脂肪使女性的身体变得柔软圆润，它们是在女性荷尔蒙的作用下产生的。

当然，肥胖的男性体内也储存有大量的脂肪，不过它们大多都储存在内脏中，从外面看起来并不明显。

相较而言，女性的体内到处都储存着脂肪，尤其以较胖的中年妇女为甚。

在做切除阑尾手术的时候，必须将下腹部的脂肪往两边分开，在这些黄色脂肪的妨碍下，要想很快找到阑尾并非易事。

相反，清瘦的中年男性却很容易做这个手术，只要打开右下腹，就能轻易地找到阑尾。

这么说来，肥胖的女性和清瘦的男性阑尾手术收同样的费用还真有些不公平。

而且，即便是看起来相当清瘦的女性，皮下脂肪也相当丰富。

实际上，在体内脂肪含量的判断标准上，男女之间存在着巨大的差异。

首先，对男性而言，体内脂肪含量在5%到9.9%才被确定为脂肪含量低，而女性的标准却是从5%到19.9%。

其次，男性只有在10%到19.9%才算是"标准"体型，而女性

则是20%到29.9%。再次，男性在25%以上就被确定为脂肪含量高，而女性则要到35%以上了。

看到这些数据，我忽然想起了当年在山上一起避雪的那个女同学。

当时自己还觉得她太瘦，怕她受不了冷，现在看来，完全是多此一举。

如果当时就知道女性体内遍布脂肪，也就不至于借出衣服而受无谓之苦了。

总之，我第二天的感冒发烧，最主要的原因是不知道男女之间的差异，也算是无知的结果。

女性荷尔蒙的作用

那么，为什么只有女性的体内遍布脂肪？

男性体内的脂肪却很少，即便有也只是储存在内脏里呢？

此时最先想到的原因是女性的特殊性——成为母体。准确点说，它是所有女性随时都具有的一种可能性。

毋庸讳言，那就是女性妊娠并成为母亲。

此时，母体必须保护腹中的胎儿不会受冻。而且，孕妇自己在妊娠过程中也要注意不能受凉感冒。

这两个目的使女性必须随时在全身储存足够的皮下脂肪。

实际上，这是非常重要的。据说妇产科的医生会经常提醒身体过瘦的孕妇注意营养。

总而言之，具有足够丰富可以保持体温的脂肪，无论对母体还是胎儿来说都是极其重要的。

还有一点，那就是当母体受到外部危害，比如说腹部受到了打击或者摔倒后腹部受压的时候，足够丰富的脂肪能够缓冲来自外部的冲击力。

也就是说，体内的脂肪能够有效缓解外伤造成的不利影响。

为了保护孕妇和胎儿

对大家而言，在保护母体的意义上，以上内容不难理解和接受。

但是，从历史的角度来看，皮下脂肪的意义更加重大。

过去，准确地说应该是距离今天非常久远的远古时期，人类曾经饱受饥饿之苦，而且肯定有大量女性因饥饿而死。

实际上，大规模的寒冷天气和风雨灾害，往往给一个地区的大多数人带来灾难。

每当这些时候，保护女性，尤其是保护妊娠中的女性，与其说是神的意志，不如说是希望种族得以延续的本能心理。

即使没到如此地步，但在幼儿死亡率居高不下的贫困国家，确实有很多情况都是因为孕妇体内脂肪含量不足所致。

事实上，最新的人口动态数据显示，2010年印度的婴幼儿死亡率为每千人出生婴儿中竟有52人死亡，朝鲜则为42人。同年巴基斯坦的数据为72人。

事实上还远不止于此，在北非的刚果民主共和国，这一数据为126人，安哥拉为130人，而亚洲的阿富汗竟然高达165人。

与之相比，日本的这一数据仅为3人，在全世界范围内也是最低的。

正是基于这一原因，虽然不能简单得出孕妇的脂肪最珍贵的结论，但在保护胎儿的意义上，母体的脂肪至少是不容忽视的重要因素，这是显而易见的。

伪娘的烦恼

在同时保护母体和胎儿的意义上，女性的皮下脂肪具有重要作用，想必大家现在都已经明白。此外，我想还有必要谈一下来自男性的需求。

那就是所有男性身上都具有的一种"女体愿望"。

任何男性，在看到女性的身体时都有想要接近、接触甚至拥抱的冲动。

这种想要接近拥抱的冲动根本上是因为女性身体的温润柔软。

温润柔软是女性身体最大的魅力。

如果女性的身体粗糙干硬，估计没有人愿意接近。

这种吸引男性的魅力本质是身体的温润柔软，而它正是来自女性的皮下脂肪。男人们愿意接近讨好女性，应该说皮下脂肪居功至伟。

然而，很多女性却醉心于减肥以消除脂肪。她们拒绝甜食，通过各种运动来清除脂肪。

这也许会令很多男人担心，他们所向往的脂肪的温润柔软因此而消失殆尽。

但是，女性的身体却具有不可思议的神奇力量。

无论怎样消瘦，女性身体的温润柔软却能够依然如故。

这是什么原因呢？

原来这里有女性荷尔蒙在发挥着巨大作用。

即使全身性地消除脂肪，瘦得判若两人，女性的身体也依然留有脂肪。而且，也仍然是遍布全身。

换言之，无论怎么瘦，女性体内也依然储存有脂肪，以使男性的"女体愿望"不至于丧失。

这是只有女性荷尔蒙才具有的神秘能力，男性荷尔蒙无论如何也无法做到。

男性如果变瘦，则身体也会相应地干硬粗糙。

最为这种烦恼所困的就是所谓的伪娘。

他们只要一瘦，身体就会变得瘦骨嶙峋、干瘪粗糙。

即使从脸到胸化妆得多么完美无瑕，细微之处都做了精心处理，伪娘身上依然有些地方让人觉得干巴巴硬邦邦，无法完全摆脱男人味。

之所以如此，最大的原因在于女性荷尔蒙并不在体内起主导作用。

实际上，这也是理所当然。想要变得离真正的女性更近一步，如果不在体内置入卵巢并使其制造女性荷尔蒙无异于白日做梦。然而，这根本无法做到，伪娘无论怎样挣扎也是徒劳，不能变成真正的女性。

另一方面，女性则终究是女性，无论年龄多大，全身仍然会遍布脂肪，能够抵御严寒。

当空腹或者饥饿的时候，就可以燃烧体内储存的脂肪来渡过难关。

当然，男性在极端饥饿的时候也会利用体内的脂肪来对抗饥饿，但仅止于此，抵御寒冷则是一种奢望。

造物主的关怀

现在，关于"男女谁更强"这个问题，我想结论已经不必赘言了。

答案是"女人更强"。再精确点儿说，就是"具有女性荷尔蒙的女人更强"。

那么，造物主为什么只赋予女性荷尔蒙在体内储藏脂肪的能力，而不赋予男性荷尔蒙同样的能力呢？

原因应该是不言自明的。

女性，也可以说女人的身体，能够孕育，分娩，拥抱，抚育子女。

赋予女性全身储存脂肪的能力，完全是造物主的意志，让人情不自禁地赞叹其英明和智慧。

对人类而言，造物主用心最多并赋予强大生命力的是女性的身体。

相对而言，虽然谈不上疏忽，但男性确实被制造得相对简单，这一点不得不承认。

身为男性，虽然有些遗憾，却也不得不承认这一区别。

面对疼痛

其三

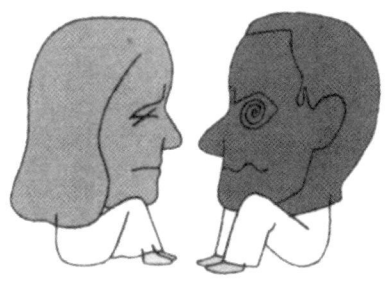

男性表面上看起来健壮有力,给人安全感,并且能够忍耐疼痛。

实际上,女性比男性更能忍耐疼痛,具有更为坚强的忍耐力。

因为,要耐受每月一次生理周期带来的疼痛,女性必须具有坚强的忍耐力、强韧的神经以及正面意义上的钝感力。

男人和女人，谁更能忍受疼痛？

面对这一问题，大家会如何回答呢？

由于没有做过详细调查，很难知道准确结果。但是大多数男人也许会回答："当然是男人啦！"好像多数女人也会回答说："男的呗！"当然，也许会有些女士果断地回答："当然是女人啦！"

在此，我们就从不同的角度来思考一下这个问题。

轻微疼痛

一般而言，就是男女都能承受的疼痛。比如说打防疫针。这是一种比较轻微的疼痛，女性在打防疫针的时候或许大多会小声喊疼。

相对而言，男性可能只是微微皱眉，很少喊出声来。再就是静脉注射和打点滴等针头扎入静脉时的疼痛。这时女性往往会皱着眉头抱怨护士业务不熟练，而男性则大都是皱着眉头默默忍受。

看到这些反应，大多数人都会认为女人对疼痛敏感，容易喊疼，而男人则更有忍耐力。但是，仅从表现出来的态度进行判断显然有些草率。

这可能跟男人从小接受的教育有关，每当碰到疼痛的事情，总是被要求要"像个男人样，忍一忍"。如果大声喊疼就会被认为没出息，丢人。

相对而言，女人即使大声喊疼，也很少挨骂，不会被认为"没有女人味"。她们喊疼的时候，会得到社会的宽容，很少有人会加以批评。

这种社会反应，或者说认识方式的差异，不能不说也在发挥着微妙的影响。

三大疼痛

面对比上述疼痛更为强烈的疼痛时，男女又有怎样的不同反应呢？

至今为止，对人类而言最剧烈的疼痛是什么呢？尽管不同的病情可能有所差别，但总体说来大概有以下三种。

它们是"痛风、痔疮和胆结石"三种病痛。凡是经历过这些病痛折磨的人都会皱眉诉苦，表示"实在无法忍受""再也不想受这种罪了"。事实上，在这种病痛面前，即便是七尺男儿也往往会疼得泪流不止。

虽然现在已经研发出了相当有效的止疼药，但即使如此，想要忍受这种病痛也并非易事。

特别是胆结石，由于是在狭小的胆道里长出的石头样的东西，所以相当痛苦。很多人为此疼得欲哭无泪也在情理之中。

分娩的疼痛 阵痛

但是，请大家注意：

还有比胆结石更加剧烈的疼痛。

可能有人会怀疑，真的有这种疼痛吗？

确实有，那就是分娩的阵痛。

也许很多人都会感到意外，分娩的疼痛怎么能跟胆结石相比呢？

这也难怪，询问体验过胆结石疼痛的女士时，她们也会一下子否定说"那怎么能比呢"。

然而，胆结石和分娩的疼痛在疼痛的机理上是相似的。

胆结石是胆囊中形成的结石通过连接胆囊的狭窄胆管时形成的。

疼痛也正是这个时候产生的，而分娩是怎样一种情况呢？

分娩是胎儿通过狭窄产道诞生的过程。

产道由骨盆内的骨产道、子宫下部、子宫颈管、阴道等软产道构成，胎儿就是在阵痛后由此降下，最后由阴道口娩出。

其中，初产妇平均需要13~14小时，经产妇则需要6~7小时。

第一产程也称前驱阵痛期，首先是子宫收缩产生的疼痛，紧接着是产道扩张引起的疼痛。

至此都是阵痛准备期，接下来进入阵痛进行期后子宫口打开，便进入了第二产程，也就是娩出期。这时胎儿会伴随着多次反复的阵痛在产道里下降，从阴道口能够隐约看到胎儿的头部。

此后，胎儿开始直接与外界接触，新生儿的哭声也会随之而来。

直至此时才能喘上一口气，但之后下腹部便开始收紧并出现类似

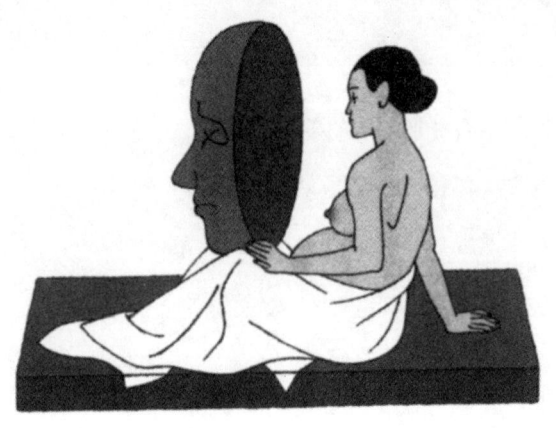

阵痛的痛感，并将脐带和胎盘排出体外。

但是，疼痛并没有因此而终止，还会出现产后阵痛。

实际上，还远不止这些。

在开始分娩以前，阵痛便以每 10 分钟 1 至 2 次的速度开始出现，当子宫口流出带血的排出物时就能判断阵痛已经开始了。

另外，产前饱受恶阻之苦，产后苦于乳腺炎的人应该也不在少数。

跟分娩相关的疼痛如果列举起来会无穷无尽，仅仅分娩本身就是需要 10 个小时左右的高难度工程，在分娩过程中剧烈的疼痛几乎从未中断。

确实，分娩的过程跟结石通过狭窄的胆管在机理上有相似之处。但是，二者管道的长度和排出物的大小却有天壤之别。如此剧烈的疼痛，男人们果真承受得了吗？

事情还远不止于此。

忍受着漫长的剧痛好不容易生下孩子之后，男人们估计再也不会想要第二次了。

与男人们的想法相反,在生下孩子不到一年的时间里,女人就会说:"还想再要一个孩子。"

这是怎样一种强大啊!

昏迷的男人

我曾经是一名外科医生,给各种类型的患者做过手术,其中有一台手术至今难忘。

那是在给一位四十多岁男性患者做小腿骨折手术时的事。当时,对骨折处的固定手术已经完成,只剩下缝合周围软组织并缝合伤口的工作。

由于手术开始时按照患者的意愿只采取了局部麻醉,麻醉的效果已经开始减退。

于是,我告诉他麻醉即将失效,并询问是否追加麻醉,他很干脆地回答说:"不用,没关系。"

我看他四十多岁正值壮年,且体格健壮,觉得他忍耐力应该很强,于是便没有追加麻醉继续手术。但是,手术过程中他忽然没了动静,什么反应也没有。我觉得奇怪,看了他一眼,这才发现他已经两眼无神,嘴唇微张,意识恍惚。

我连忙呼唤患者的名字,他才回过神来,轻声哼了一声:"好疼。"

如果疼得受不了,为什么不让我追加麻醉呢?我想,他大概是想要表现一下男子汉气概吧。

然而滑稽的是，手术只是拖长了一点，他便疼得失去了意识，这哪里有男子汉的味道呢？

不过，也许恰恰因为他是男性，才会因为勉强硬挺而失去意识。

各种各样的疼痛

人在一生当中，不可避免地会遇到各种各样的疼痛。

男人和女人谁遇到这些疼痛的机会更多一些呢？

通过多方观察，我们发现女人似乎会更多地遇到各种各样的疼痛。

比如说，我们首先想到的就是痛经。

这是任何一个女人都无法逃避的疼痛，每月一次，历经几天，似乎很多人都饱受其苦。

这是怎样的疼痛呢？

不同的人可能有相当大的差别，痛经厉害的人不得不待在家里，其中疼得卧床不起、无法外出的人也不在少数。

要耐受每月一次生理周期带来的疼痛，必须具有坚强的忍耐力和强韧的神经，如果不具备正面意义上的钝感力，会相当困难。

另外，还有一些疼痛专门针对女性而来。

比如说胶原蛋白病。

这种病因为遗传性因素，多发于母女之间。随着病情发展，手脚的各个关节会产生剧痛，而且大多会同时出现关节变形。

过去的风湿性关节炎患者当中，就有相当多的女性患者。

另外，日常生活中经常出现的头疼、腹痛以及疲惫感等症状以女

性居多。

相对而言,男人绝不会为每月定期而至的疼痛所困扰。

但是,女人却能够忍受这些疼痛并能健康阳光地生活,因此可以明确地说,女性对于疼痛的耐受力更强。

忍耐力

到此为止,我们已经从各个角度考察了男女对疼痛的耐受力。在此,还有一个不容忽视的因素,那就是忍耐力。

忍耐力并不完全等同于对疼痛的耐受力,同样也是一个重要的因素。

在妊娠到分娩过程中的忍耐力这一点上,男人是无论如何都比不过女人的。

例如,女人妊娠三四个月以后,肚子开始变大,四五个月的时候就能很清楚地看出已经怀孕了。

实际上,妊娠6个月的时候,胎儿体重已达600到700克,7个月就会超过1000克。自然,随着肚子逐渐变大,孕妇浑身会出现浮肿,也会感觉手足无力。

如果让男人肚子里塞着同样大小的东西工作,估计大部分男人都难以办到。

他们会在怀孕6个月的时候已经痛苦不堪,坚持不下去了。

当然,这跟男人没有被赋予生育子女的任务以及任性自私也不无关系。

不管怎么说,从怀胎7个月到8个月,再到9个月甚至分娩期,要让男人挺着大肚子坚持下来,几乎是不可想象的。

即使勉强能够坚持到分娩期,一旦开始阵痛,男人们就会大声喊疼甚至昏厥过去。

果真如此,就必须立刻进行剖宫产手术,即使好不容易成功分娩,男人是否能够坚持之后漫长的哺乳过程也要打个问号。

如果从明年起由男人负责妊娠育儿,那人类肯定不出几十年就灭绝了。

结论

以上我们关于男女到底谁更能够忍耐疼痛的讨论,至此结论已经不言自明了。

的确,女性远比男性更加耐受疼痛,也更具有忍耐力。

由于男性表面看来健壮有力,给人安全感,所以好像更能忍耐疼痛。但是事实正好相反,女性远比男性出色。

这一点在小孩子身上表现得尤其明显,男孩子摔一跤受点轻伤就会大哭,女孩子却大多只是默默地忍着。

真是人不可貌相,随着这种倾向不断发展,男女的差异也日益扩大。

对于疼痛,我们大多数人只是从自己的角度认识,却很少站在对方的立场考虑。正因如此,我们希望大家能够立足于男女的身体本身,冷静客观地观察和理解彼此的优点和缺点。

其四

出血的差异

血液流失超过人体全部血量的三分之一时，男性会像教科书里说得那样因失血过多而死。

女性却有可能得救。

在此，我们再一次注意到，女性的身体结构能够让女性经受得起大量出血。

在考察男人和女人谁更强这个问题时，看到"出血的差异"这个标题，估计会有很多人表示不解，难道关于出血男女还有不同？

大家在日常生活中毕竟很少思考男女流血还会有什么差异，因此觉得不可思议也容易理解。

但是，在关乎性命的大出血方面，男女确实有着巨大的差异。

容易受伤的男性

平时我们见到的出血情景，往往是受伤以后的出血。

例如，孩子摔倒擦伤膝盖就会流血。

这时候最好是立刻把受伤的部位消毒后敷上药棉，然后再用纱布和绷带固定。

事实上，大多数出血经过这样处理以后都会止血，之后也不会有什么问题。而且，容易受这种伤的大多数都是男性。

此外，我们还经常在拳击场上看到出血的情景。

在拳击比赛中，赛场上的拳击手都在猛烈地击打对方，最容易出血的部位首先是鼻子，其次是脸、额头和下巴等，我们经常能看到选手血流满面的惨状。

从事拳击运动的大多是男性，他们往往在满脸是血的情况下依然坚持比赛，很多女性观众都是提心吊胆地观看，并且担心选手以后会不会有事。

但是，从专业的角度看，这种出血大可不必如此担心。

这是因为，面部血管丰富，是容易出血的部位。特别是鼻子，血管异常丰富，在平时就容易流血，只不过即便流血，一般情况下也会自己止住。

基于这些原因，面部的出血其实并不像表面看起来那么可怕。

不过，因为受伤手脚出血、相互殴打导致鼻子出血等情况主要发生在男性身上，所以很多人都误以为男性更能够承受出血。

生理性出血

的确，女性很少因为受伤而流血。

但是，若论对出血的适应性，女性则要远远超过男性。

最具代表性的例子就是女性每月一次的月经。

众所周知，成年女性每月都会出现这一生理现象，届时子宫会大量出血。

月经出血虽然不像外伤那样容易看到，但是却反复不停地从子宫流出，绝非简单的外伤能够相比。

大多数男性对此都不很了解，还以为女性受不了流血。

不过，由于很多女性月经来的时候身体会出现不适，或者卧床不起，或者请假休息，所以让男性产生了那样的错觉。

但是，如果同样的情况出现在男人身上，结果会怎么样呢？

由于在出血的同时还伴有难以忍受的疼痛，也许会有远多于女性的男人卧床不起吧。

无论如何，不管是否愿意，女人每个月都躲不过阴道出血，这无疑是相当痛苦的。

而且，女性为了能够挺过去，也始终在做各种各样的努力。

考虑到这些因素，对于男女谁更能忍耐出血这个问题也就很难立刻做出判断了。

腹内大出血

在此给大家讲一下我当医生两年后在一个地方医院出差时的经历。

那时候，我在大学的医务室工作，被派往阿寒附近雄别煤矿医院出差三个月。

由于是煤矿，病人多是崩塌事故和一般原因造成的外伤。一个休息日下午，一个三十多岁的女患者被紧急送到了医院。

患者中等身材，不胖不瘦，脸色苍白，意识昏迷，血压也低得吓人，一看就知道是腹内大出血。

这当然是妇科的急诊病人，但事不凑巧，妇科医生到东京参加会议去了。

正常情况下，可以把病人送往附近的市立钏路综合医院，但是到那里行车至少要一个小时。显而易见，在转运途中病人就可能死亡。

我犹豫不决，便征求外科护士长的意见，她建议立即给病人动手术。

但是，我只是外科医生，从未做过妇科手术。

"我恐怕不行。"

见我有些犹豫，护士长说道："你只要照我说的做就行！"

事已至此，也没有更好的办法，我只有照护士长说的做了。我下定决心以后，拿起手术刀把腹部打开，果不其然，皮肤下面一片血海。我放入肾形盘拼命抽血，但是血量始终不减，重复数次之后，好不容易看到了一部分子宫。

护士长迅速伸过手来给我指出了出血点。

在她的指导下，我将出血部位缝合完毕，出血终于止住，在确认没有其他出血点后将腹部开口缝合。

手术过程中，一直通过患者的手臂输血和输液，患者自始至终都是脸色苍白，昏迷不醒，血压也测量不到。

如果算上开腹以后的出血量，患者的失血量是惊人的。

说实话，这种状况能否恢复过来，我一点信心都没有，只是先把腹部缝合起来再说。

伤口缝合以后紧急处置就算结束了。因为手术不熟练，我已经累得筋疲力尽。我把后期处理交给护士，自己走出手术室打算到医务室休息一下。正在这时，一个看似是患者丈夫的男人走过来询问情况。

"医生，情况怎么样？"

我当然无法做出能令他满意的回答。

"我已经尽全力了，出血太多……"

我的视线转向地面，虽然没说出劝他放弃的话，但是言外之意他早已明白。他顿时颓然失声，垂下头去。

总之，我太累了，只想休息一下，就径直走到医务室，横躺在沙发上。二三十分钟以后，手术室打来了电话。

"医生，请过来一下。"

果然不在了啊。我疲惫地站起身，重新朝手术室走去。

不抱希望的女性

手术室里和刚才一样，女患者静静地仰卧在手术台上。

当走近手术台，看到患者脸部的瞬间，我惊讶地站住了。

我已经准备放弃的女患者脸上微微泛起了红晕，而且还在轻声呻吟着。

我惊讶极了，连忙拿过听诊器放在她的胸部，明显能够听到轻微的心跳，脉搏虽然很弱但已经有了反应。

"说不定有救。"

我一下子来了精神，吩咐继续输血输液，并决定亲自在旁边守护。

她的嘴唇开始渐渐恢复血色，脉搏也更加清晰起来。

"好啊，这下子有希望了！"

我轻声自语，像在给她加油。又观察一会儿，我才走出手术室。这时她的丈夫又上前询问：

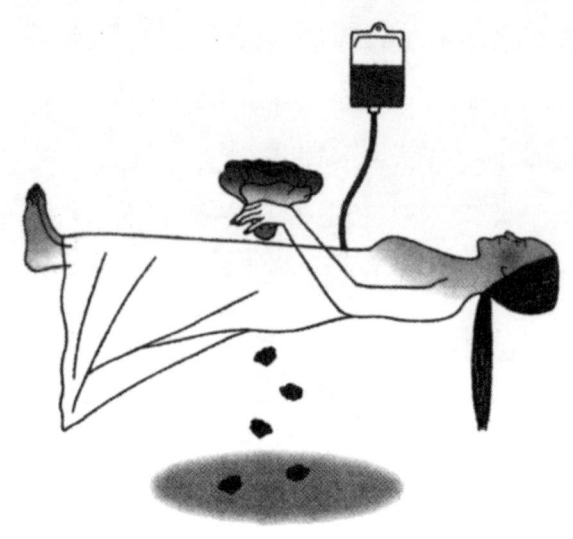

"医生,还有希望吗?"

他的语气显然已经不再抱有希望了。

"嗯,可能有救。"

"真的吗?"

他好像无法相信,追问道:

"刚才您说没救了,我都已经通知亲戚们了。"

确实,直至刚才我还认为已经没救了。但是,现在情况已经发生了变化。

"对不起……"

手术成功了反而道歉,听起来有些于理不通,但我却感到非常满足。

全部血量的三分之一

不过,这种情况怎么会在现实中发生呢?

我仍然无法相信,脑海里再一次浮现出学生时代学过的医学原理。

它的内容清晰明确:"人体的全部血液占体重的十二分之一,流失三分之一会导致死亡。"

事实上,我曾见过的外伤致死的案例中,几乎都是失血三分之一左右不治而亡的。

然而,现在躺在手术室里的这位女病人,她流失的血液岂止全部血量的三分之一,估计已经将近二分之一了!

正是因为这个原因,我才告诉她丈夫"放弃吧"。

然而,她却得救了。究竟是为什么?

我开始对医学,不,应该是对人体感到不可理解了。

闲话少叙,病人确实在逐渐恢复,一小时后意识也恢复了,并且能够低声呻吟"好疼啊"。

"没事,不会疼了。"

我给她的点滴中加了止痛药,又号了号脉。

然后就是等待妇产科的医生明天回来了。在此之前,只要能想办法维持基础状态,她就应该能苏醒过来。我又一次检查了她的身体状况,然后等妇产科医生回来。

非如教科书所言

第二天,妇产科医生回到医院后,我立刻带他看了女患者,并详细介绍了给她做手术的经过。

妇产科医生比我早七届,是位经验丰富的老医生,所以很快掌握了整体情况。

"你很努力,辛苦啦!"

由于受到表扬,我很高兴,又请教他说:

"说实话,真没想到还能救过来。"

虽然没有准确地测量病人的失血量,但是从整个手术过程来看,的确不止全部血液的三分之一,应该流失了将近二分之一。

"我还以为彻底没救了。"

妇产科医生轻轻摇了摇头说:

"教科书上确实写着人流失身体全部血量的三分之一就会死亡。不过,这只是说的男性。"

"啊……"

看我一脸茫然的样子,他补充说:

"女性不一样。女性失血三分之一以上仍然有可能救活。"

怎么可能呢?我依然难以理解。

他接着解释说:"总而言之,女性更能忍耐出血。具体数字说不清楚,不过出血再多也可能有救。所以,女性出再多的血也不能轻言放弃。"

我再一次惊呆了。

果真如他所言的话，也就意味着男人只要流失全部血量的三分之一，就会像教科书上说的一样毫无例外地死亡。

而女性却不限于此，即使有时候失血超过三分之一，也依然存在获救的可能。

这也就意味着，男人被涵盖在教科书限定的范围内，而女性却不受束缚。

那么，是什么导致这一局面的出现呢？

此时最容易想到的理由就是女性所具有的生育子女的能力。

女性能够妊娠生子，因此她们的身体结构天生强于男人，当然也比男人更能忍耐出血。

这当然是所有女性都希望的结果，但更是造物主只赋予女性的先天能力。

不过，想到男人们只能按照教科书所云，失血超过全部血液三分之一就会死亡，又不禁为男人们的"守规矩"和脆弱而感慨万千。

自从知道这些以后，有段时间每看到一个男人，我心里都会浮出一个念头："出血三分之一就会死亡的人啊！"同时会莫名地产生一种亲切感。

而看到一个女性时冒出的念头则是："教科书的例外，出血三分之一也可能得救的复杂女人啊！"

与外貌无关

看到这里，想必对"男女谁更能忍耐出血"这个问题已经没有争论的必要了。

　　答案显然是女性更强。

　　而且我们男性就是因此才能够健康地出生和成长。

　　我再一次深深体味到绝不可以貌取人的道理。

　　即使表面上看起来体格单薄纤弱,女性却绝不弱小。

　　实际上,在雄别煤矿遇到的那位女患者以后完全恢复了健康,并且生了一个孩子,现在住在面对鄂霍次克海的纹别。今年还给我发了印有跟孩子一起合影的贺年片,并且邀请我到那里游玩。

其五

表达能力

在与爱相关的问题上，女人更能清楚明白地将想说的重点表达出来。

相对而言，男人总是闪烁其词，很难干脆明白地表态。

男人这种不愿清楚表态的懦弱影响和支配着男女关系的所有方面。

"男女谁能更清楚地向对方表明自己的意志?"

"当然是男人。"几乎所有人都会这么回答。

肯定也会有人认为应该是女性,但是人数似乎微乎其微。

然而,时间、地点、年龄等都会对其产生微妙的影响,似乎很难绝对地断言男女谁更强。

因此,我们需要根据不同的情况,结合一个个具体案例来进行观察。

公司等公共场合

对刚才的问题回答说"当然是男人"的人大概考虑的都是在公司等公共场所。

确实,在公司一类的公共场合,男人多居要职,其发言也受到更多人的关注,往往没法说些含糊不清的话。

相对而言,女性很少像男性那样身居要职高位,因此受到的关注也往往不多。

这么来看的话,在公司等公共场所下发言特点的不同,与其说是男女性别不同所致，不如说是公司地位的差异使然。如果女性在公司中的地位得到提高，她们的发言自然会变得清楚明白。

事实上，近年来女性在各个企业就任高级管理职位的情形越来越多，女性的发言也正在迅速增加。

因此，争论在公司等公共场所下男女谁更能清楚地表达意见似乎没有多大意义。

私人场合

那么，当场景不再是上述的公共场合，而是朋友之间等私人场合的时候，会是怎样的情况呢？

首先，男人们会非常清楚地表达各自的意见。

诸如"你那不对啊""我不同意"之类的说法应该是家常便饭。

我们也经常会听到"那不可能""你才错了"等直言不讳的反驳。

当然，这种坦诚直率的说话方式往往是在熟悉的朋友之间，如果关系不够亲密就不会这么说话。

换言之，能够如此坦率直言正是关系好的明证，因此不能断言激烈争论就一定不好。

那么，女人之间又怎么样呢？

据观察，女人们也跟男人一样，亲密的朋友之间也能争论到相当激烈的程度，有时甚至也会发生争吵。

通常，好友之间即使发生争吵，不久也会相互理解，关系反而更亲密。

这样看来，似乎在这个问题上男女没什么差别了。

果真如此吗？

田中真纪子的发言

现在我们来看一下男女都在场的情况。

在这种场合，一般情况下女人说话会比男人低调，似乎很少见到针锋相对的发言。

相比之下，男人说话或许更直截了当些。

不过，这也是因时因地而异。田中真纪子担任外务大臣的时候，她的发言和答辩就非常直截了当。

她的发言是否妥当暂且不论，但观点清晰，是黑是白泾渭分明。

相较而言，当时出任官房长官①（后任总理大臣）的福田说话则嗯嗯啊啊，闪烁其词，让大家不知所云。

两人比较起来，显然是女性的发言更为简单明快，男性反而吞吞吐吐，含糊不清，或许这跟两人的性格也有关系。

不管怎么说，在平常生活中说话，女性要比男性更为直截了当，反倒是男性容易有含糊其词、敷衍了事的倾向。

究其原因，大概是男性在说话表态时往往思前想后，要考虑自己的身份和工作等因素的影响，因此才变得吞吞吐吐、语焉不详。

---

①日本内阁官房长官相当于政府首相或发言人。

不同恋爱阶段的差异

我们再进一步,现在来看一看男女关系中在互有好感、相互爱慕的恋爱期间是怎样一种情况。

这时候,有一个重要的影响因素——是刚产生好感的恋爱初期,还是已经恋爱一段时间了。换言之,在恋爱初始、热恋中和恋爱后期的不同阶段,男女说话方式会有天壤之别。

比如在刚刚萌生好感的时期,男女双方都不会过于直接地表露自己的感情。

而是都尽力避免过于鲁莽和明确的表态,并且更多地采取温文尔雅的说话方式。

当然,像"我爱你"之类的话还是尽可能抓住机会说出来的,但是绝不会明确提及除此之外的任何负面因素。

但是,热恋温度一旦冷却,开始不再相爱的时候,双方说话的方式就会变得冷酷无情。

与先前的态度有天壤之别。

事实上,我本人也未能幸免这种体验,下面我就具体说一下吧。

我恨你

当时,我跟 K 子相恋已经进入了第三个年头。稍前些时候,我开始对另一个女生产生好感,然而很不幸,被 K 子知道了。我们的关系开始紧张起来。

就在冷战持续期间，有一天K子径直冲到我面前，突然大声叫道："我恨死你了！"

她双眼死死地盯着我，就差把我吞下去了。

我惊呆了，简直无法想象，曾经那么温文尔雅的她现在怎么这样冰冷无情。

"我恨你！"

她又狠狠骂道。我则呆若木鸡。

我当然知道她很生气，而且也知道她肯定会把我骂得狗血喷头。

我深知移情别恋是自己的不对，但是，有必要翻脸到如此地步吗？

她竟然冲我歇斯底里地大叫"恨我"，而且还像有深仇大恨似的死死盯着我，甚至是一个字一个字从嘴里蹦出来。

我呆若木鸡地站在那里，一句话也说不出。她骂完以后就踩着高跟鞋扬长而去了。

我呆呆地看着她渐渐走远的背影，既惊讶又感慨。

她离开时的气势好豪迈啊，真是潇洒帅气。

这才是真正的女人！

男人，尤其是我，是无论如何也做不到像她那样干脆利落的。

我不在乎

又过了三年，我开始想跟一直交往的女友分手了。

我说不清楚她到底哪里不好，但是的确有些厌倦了。

在这种状态下，我觉得还是找个机会跟她说明为好。

但是，我却怎么也说不出口。

这时我想起K子分手时说恨我的样子。

也许应该像她那样去说，并且还不留后遗症。

虽然心里这么想，却怎么也做不到她那气势汹汹的样子。

左思右想之后，我找到了一个说分手的办法。

首先，我不告诉她已经不喜欢她了，而是说自己不行，没什么出息。

就这样，有一天，我下决心说道：

"你知道，我这人吊儿郎当，又那么任性。一直这样下去，我们可能走不远。"

我分明是在告诉她不再喜欢她了，但是她的回答却出人意料。

"我不在乎。"

我一下子怔住了，她很轻松地补充道：

"我不在乎，咱们一起努力！"

"不是这意思啊！"我在心里呐喊。

我是想跟你说分手的，你怎么能听不出来啊。

然而，看着她依然笑嘻嘻的，我却没了继续说清楚的勇气。

她已经甜蜜地依偎在我身边了。

事到如此，哪里还能甩开人家，我已经无法出逃了。

就这样，我们一直拖下去，明确分手已经是在两年以后了。

说话犹豫的男人

把我自己的经历拿出来晒实在不好意思，不过通过我的经历，男女谁说话直接这个问题的答案应该很清楚了。

没错,答案是女人。

男女之间,特别是在涉及感情的问题上,女人说话更直截了当。

不管是喜欢还是不喜欢,女人都能清楚明白地表达出来。

相对而言,男人往往吞吞吐吐,犹豫不决。

在爱情的紧要关头总是摇摆不定。

因此,我个人推测,男女基本的差别在于对待爱情的方式上。

表面如何姑且不论,在事关爱情根本的紧要关头,男人总是摇摆不定,含糊其词。

这种犹豫不决的软弱,影响和支配着男女关系的各个方面。

至少我是这样认为的,而且也对此无可奈何。

其六

理性的好奇心

对女人而言，重要的是喜不喜欢。

喜欢的强度和顺序决定了女性选择投入的对象。

与之相对，男人执着对象的次序却没有绝对的差异。

这种执着的不同特点，决定了双方重要程度的不同，男女之间的爱恨情愁皆源于此。

这次的标题可能不同的人会有不同的理解。这里所说的理性好奇心可以理解为对知识或者理性事物关心度的大小。

很多人也许会问，在这方面男女也有不同吗？一样都是人，能有什么差别呢？

然而，观察一下现实中男女的生活方式、产生好奇心的对象以及行为方式等，就会发现确实是有差别的。

下面，我们就结合具体的例子，分别进行说明。

大学毕业后的差别

一般而言，学校教育的目的是普及并让学生理解所学知识。在这方面，小学、初中和高中阶段的男女生之间没有什么差别。

当然，因为个别的公开或者私人原因，也许在获取知识和学习能力上会有所差异，但是整体来看，男女之间并没有太大的区别。

因此，大学之前的阶段，除了私立学校以外，很多学校都实行男女同校制。

但是，过了这一阶段进入大学以后，男女之间就会出现很大的差异。

一般来说，进入大学以后，男女生都会根据自己的喜好选择专业。这时候女生更多地选择文学、美术、音乐等艺术类专业，而男生选择的专业则从经济、法律到数学、理化等数理专业，范围相当大。

应该说男性的好奇心更为旺盛，涉及对象也更为广泛。不过，男女生产生好奇心的对象似乎也存在很大的不同。

女生喜欢的专业

首先，我们来看一下日本的大学中各专业学生的比率。本科生总数为2569716人，女学生为1094360人（2012年度），占总人数的四成以上。

再按照专业细分的话，女生比例最高的是家政专业，此外是艺术专业，在72042人中，女生有51421人，占总数的71.3%，合七成以上。人文科学专业385179人中，女生为254966人，占总数的66.1%。

教育专业也以59.0%的数字引人注目，此外还有医药专业的56.3%。

与此相对，工程学专业的女生比率最低，395147人中只有44584人，仅占11.2%，也就一成而已。其次是理工专业，在80968人中只有20982人，大约占25.9%。

如果只看东京大学的数字，会发现在14260个本科生中，女生为2681人，仅占总人数的18.8%。

另外，后期课程（相当于大学三四年级）的专业分布中女生最多

的是教育专业,为37.9%;其次是文学专业,为27.8%;再次是医药专业,为27.6%。

反之,女生最少的是工程学专业,为9.6%;其次是理工专业,为11.0%。

一般情况下,大学生基本上都是按照自己的意愿选择专业,而很少受父母或者其他人的影响。

因此可以认为,在各专业的选择中,女生的意愿得到了直接的体现。

现在,我们看一下受女生欢迎的专业,按顺序排列分别是艺术(音乐或美术)、文学和教育专业。

相对而言,男生在选择专业时考虑更多的是将来的就业和工作因素,而不是个人的爱好。

专业棋手

我们转换一下角度,来看一看跟体力无关,男女只是在智力层面进行竞争的领域。

先来看一下围棋。在围棋领域，四段以上才被视为专业棋手，男女一视同仁。现在的日本棋院中有男棋手262人，女棋手只有62人。

不过，其中七段以上的八段、九段等高段位棋手中有160位男性，女棋手只有三人。

而且，拥有名人、本因坊、棋圣①等头衔的全部是男棋手。

另外，在象棋领域，现在也是四段以上为专业棋手，截至目前还没有出现专业女棋手。因此，现在一般在段位前面加上"女流"二字，用"女流二段""女流三段"来称呼女棋手。

毋庸置疑，竞技比赛的世界没有妥协和温情，只用实力说话。

如此看来，四五段暂且不提，想要晋升到更高一些的段位对女性来说就变得极其困难了。

这是什么原因呢？

下面，我们进一步从努力程度、基本能力以及是否适合等方面的差异来思考这个问题。

是不是喜欢

女性热衷于一件事情，"喜欢"是一个不可或缺的条件。

无论是各门学科专业，还是围棋象棋，之所以拼命努力，首先是因为喜欢。

---

① 名人、本因坊、棋圣为日本棋赛的头衔，具体有：十段、小棋圣、本因坊、名人、天元、棋圣、王座。

"这还用说吗？"看到这里，估计很多男性都会点头赞成。

的确如此，无论是体育还是学业，能够专心致志做一件事，喜欢是首要条件。

然而，男人却并非完全如此。即使有些不情愿，或者已经厌烦了，男人有时依然会专心做一件事。

比如说学习，即使再怎么厌烦，甚至一看到教科书就心里来火，也还是照样要学习。

先不谈是不是喜欢，当被要求必须做的时候，照样不得不去做。

但是，女性却并非如此。如果不想学习，或者不想看到教科书，她们就不会再翻开教科书。

在执着于一件事和钻牛角尖方面，女人远比男人来得彻底，没有丝毫妥协的可能。

也就是说，女性没有像男性那样虽然不愿意却坚持做下去的模糊空间。

男人们啊，你们应该牢记女性这种天生的执着精神！

相对而言，男人即使相当厌倦，提不起半点干劲儿的任务，只要接到命令了，依然能坚持完成。

不过，随着现实生活中越来越多的女性就任重要职务，这方面的差异也呈日趋缩小之势。

让其集中

那么，怎样才能让女人自始至终集中精力在一件事上呢？我想答案已经很明确了。

首先，要让女人喜欢那份工作，直到无法放弃的忘我地步。

也许很多男人要说那太难了。

的确，过去对公司的会议、经营和管理感兴趣的女性少之又少。相对而言，她们更关心自己恋爱和育儿等内容。

但是，这种倾向现在似乎也正在发生巨大的变化。

现在我们再来看一看围棋的世界。一般认为，女棋手到了二十几岁，有了恋人，结婚生子之后，大多数人的围棋生涯就止步不前了。

年轻的时候，或者年少时代，她们的实力足以与男棋手匹敌，甚至超过男棋手。但是，到了适婚年龄、结婚生子以后，她们就不再提高了。其原因究竟何在？

其实原因很简单，婚恋之前她们只喜欢围棋，而一定时间之后，出现了比围棋更让她们喜爱的对象。

这样，当围棋不再是她们内心世界中的至爱时，她们自然会移情别恋，从而导致棋艺不能继续精进。

共通之处何在

至此，我们明白了，对女性而言，至关重要的是喜欢与否。

喜欢的程度和顺序决定了女性献出全部精力的对象。

相对而言，男性却没有那么强烈执着的顺序，不知道这是幸运还是不幸。

男人在恋爱的时候当然会珍爱她的女友，但是同时，在有重要工作的时候，也不会忽视工作。如果他是赛马狂人，决定下一轮下注哪匹马，也会是其重点关注的事项。

这些事项不会像女性那样有明确的先后次序，有时候及时赶到赛马场或许会比跟女友约会更重要。

男女这种对事物执着特点的差异，完全是他们判断事物重要性不同方式的体现，他们的生活方式也因此而大不相同。

不能忘记的是，男女之间的相恋以及恋爱中的各种恩怨矛盾，皆因这种执着特点的差异而生。

至此，本章的主题——男女谁的好奇心更强，想必大家已经有了明确的答案。

是的，当女性对知性对象抱有好感的时候会有很大的好奇心，当不再喜欢的时候会立刻放弃关注。

例如，正在哺乳期的女性心中充满了对孩子的爱，同样，对于深爱的男人，她们也会异常地执着。

然而，当她们不再有爱的时候，也会冷酷无情地扬长而去。

需要注意的是，女性那里不存在将就妥协的选项。

要么全不，要么全部，女人只愿意做二择其一的选择，但是男人却愿意同时周旋应对不同的问题。也许本来就不应该把二者的知性好奇心拿来比较。

其七

交游能力

多数医生认为,年老以后一个人孤单生活对健康最为不利。

但是,男人们在步入老年以后,依然不愿改变与生俱来的孤傲脾气。

因此,男人的平均寿命只有79岁,比女人要少7岁。

男人们必须向女性学习,从根本上改变生活方式。

交游能力这个说法在现实生活中似乎很少使用，姑且可以将其理解为参与团体活动的能力。

这种参与团体活动的能力，男女谁更强一些呢？

看到这个问题，大多数人都会立刻回答"当然是女的啦"。

确实，女性喜欢三五成群地扎堆，也就是经常聚集在一起。

从小时候开始，女孩子们就喜欢几个人凑在一起玩儿。

具体玩儿些什么不得而知，似乎大都是些布娃娃和家庭用品之类的东西。

同时，男孩子们小时候也经常几个人聚在一起玩儿。总是能听到召集小伙伴的喊声，"大家都快来""快到这儿来"等等。

这种情况下，男孩子和女孩子最大的区别是，女孩子都是自然聚集在一起，而不是收到命令和指示的结果。

最近，很多女孩子们喜欢玩角色游戏，今天演开水果店，明天演开鲜花店等。还有玩过家家的，她们装成老公老婆，相互抱怨牢骚的内容和神态，大人看了都觉得惟妙惟肖。

与之相对，男孩子们往往是为了某个目的聚在一起的，比如踢足球或者打棒球。

这种差别随着年龄的增加愈发明显，到小学高年级的时候，男孩子和女孩子聚在一起的活动特点出现了显著的不同。

女孩子聚在一起有时候就是为了漫无目的地聊天，而男孩子则更多是为了一个特定目的聚在一起，基本上不会漫无目的地聚在一起消磨时间。

因此，到了中学阶段，会有很多男孩子不再参与群体活动，所谓不合群的男孩子越来越多。

男女的差别

随着年龄的增长，男孩子和女孩子相比，为什么越来越不合群了呢？

关于这一点，我们看一看男孩子和女孩子聚在一起谈论的话题自然就明白了。

男孩子们小时候谈论的话题包括各自家里的事情、对大自然以及对身边的人和动物的好奇和兴趣等，大家纷纷拿出共同感兴趣的事情一起谈论。

从小时候开始他们谈论的内容就相当专业，他们能够独立观察小狗、小猫，甚至是蚂蚱等各种昆虫，并把结果跟大家分享。

女孩子们大致跟男孩子差不多，但是她们谈论的内容跟男孩子们相比，就显得一般，而且更多的是喜欢、讨厌之类与感情相关的问题。

实际上，女孩子们议论时似乎更多地倾向于从喜欢或者不喜欢这种个人好恶的感情因素寻找理由。

她们评论的对象相当广泛,可以从身边的父母家人、附近的邻居到同班的男孩子。

议论的话题也非常丰富,从谁谁漂亮到日常生活中的各种行为和举动都有涉及。

而且,大多数女孩子兴致勃勃地谈论的话题都是美容方面的问题,比如自己留什么发型、穿什么时尚服装以及那会让自己看上去有什么变化等。

如果再加上谈论男孩子的话题,气氛就会更热闹,能够议论很久。

相反,却很少有男孩子主动跟朋友谈论有关女性或者女朋友的事。

很多男孩子即使有女性朋友或者恋人,也只是埋在心里不会主动说出来。

男孩子们在一起也会谈人生、谈思想,但是,他们不会像女生谈到男朋友的话题时那么兴高采烈。

而且,到了小学高年级,男孩子开始沉浸在自己的兴趣和关心的事情中,也很少有机会跟朋友们谈论那些了。

即使是对同样的问题抱有兴趣，由于相互的意见并不见得一致，往往还没开始深入交流就各奔东西了。

中学到高中阶段，经常能在学校的图书馆或者自习室看到陷入沉思的男孩子，他们的这一时期，与其说是思春期，倒不如说是喜欢一个人对感兴趣的事独自思考的思考期。

进入社会以后

大学毕业进入社会以后，男女聚群的特点会有什么变化呢？

由于进入了适婚年龄，按理应该发生些变化才对，但是很遗憾，男孩子依然容易离群，女孩子依然喜欢扎堆儿。

实际上，男孩子到了这个时期以后往往不再联系过去要好的朋友了，而是开始以各自的工作为中心结交朋友。

说得极端点，就是他们认为工作最重要。他们更重视以工作为中心的交往，而不是过去学生时代的友情。

相对而言，女孩子们怎么样呢？

她们谈论的话题，除了各自当前的工作以外，还有各自的男朋友或者身边的男性，而且明星也是她们热议的话题之一。

她们会兴高采烈地谈论流行时尚。

比如现在什么最流行，哪家店在热销，怎么穿出效果来以及适不适合自己等等。

她们会兴致勃勃地谈论减肥、化妆、育儿，甚至公公婆婆也是她们乐此不疲大加议论的话题之一。

不知道是幸事还是不幸，男同事之间很少会兴高采烈地谈论时尚。

看到有人换了新衣服，也只是会说声"精神不少啊！"，仅此而已，不会产生任何兴趣。

相反，他们经常谈论的大都是公司的业绩、经济的动向，还有相关的人事变动之类的内容。

宣布新任科长或公示调职名单，会在他们当中引起不小的震动。

对男人而言，在公司的地位和职位才是决定他们现在和未来的重要话题。

当然，这类事情对当事人以外的人而言并不十分重要。而且，公司的其他职员也都会避免过多地议论那些任命或者调令的是非长短。

这样一来，无论当事人也好，还是听到任免令的同事也好，都在极力采取"与己无关"的超然态度。

这就造成男人们周围总是笼罩着一种微妙氛围，大家都在摆出"与己无关"的超然姿态。

向女性学习

至此我们已经探讨了从孩提时代到成人以后男女聚群的特点和好奇心的不同表现形式，进入老年以后，这些差别表现更为突出。

进入六七十岁，甚至到了八十岁以后，男性和女性的生活特点差异愈发明显。

这一点只要走进老年中心就能立刻感受到。首先你会发现吃饭时选择座位的特点男女老人完全不同。

一般都是男的跟男的一起坐，女的跟女的一起坐，有四位女性老人坐在一起的餐桌往往气氛轻松，充满了令人愉悦的欢声笑语。

在一旁看着，你会感叹她们怎么会有那么多让人开心的共同话题来说。

与此相对，四位男性老人坐在一起的餐桌则看不到谈笑风生的情景，每个老人只是默默地自己吃饭。

那气氛甚至让人怀疑这里是不是禁止说话聊天。

而且就餐结束后，大多数老婆婆们会走进隔壁的休息室，喝喝茶，吃些甜点，话题仍然继续进行。

但是，老爷爷们一放下筷子，就会离开餐桌返回自己的房间，好像待在那里完全无事可做。

这样男性老人们根本没有机会相互攀谈，也谈不上互相了解。

第一次看到这种情景的女性肯定会感到惊讶。

怎么能这么冷漠呢？照这样下去，人只能是越来越孤独，越来越寂寞。

如果这样的话，大家一起吃饭也就失去了意义。

毫无疑问，大多数老人平时肯定也会看报纸、看电视，对各种问题也都会有自己的看法和意见。如果大家就这些问题交换意见，一样可以聊得兴趣盎然。

但是，他们却不知道该怎样开口才好，而且，更担心一旦出现意见分歧，对方较起真来，也不知道该怎样处理。

于是，平时不懂得如何轻松交流的男人们的困惑和自信缺失也就展现无余，结果自然是吃完饭以后各自默默离开。

"这不也挺好嘛。"

有着强烈自尊心的男人们只好无奈地安慰自己，继续维护着那颗孤傲的心，漠然离开餐厅。

然而，一个清楚的事实是，随着逐渐衰老，人的精力和体力都会急速下降。

多数医生都认为，老年人一个人生活最不利于健康。

然而，男性老人们却无法改变与生俱来的孤傲性格。

这也使得现在男人的平均寿命只有79岁，比女人少了整整7岁。

男人们啊，看到这里，是不是觉得应该从根本上改变一下了呢？除了自己的好奇心，也学一学女人喜欢说话聊天的阳光开朗。

年高气傲的生活方式在明治时代另当别论，在平成时代早已不再流行了。

现在，如果男性老人能够多开金口接近喜欢说笑的女性老人，老年中心一定会变得充满阳光快乐，而动辄就要上医院的老人数量也会迅速下降。

从老年人的男女比例来看，男性老人的数量也极少，堪称"抢手"黄金期。

男性老人只要抓住这个黄金期，更加主动接近女性老人，就肯定会让两个人的老年生活充满快乐和阳光。

其八

关于嫉妒心

女性的嫉妒会在早期比较直接地表现出来。

男性的嫉妒则更为迂回，往往要牵涉很多人，并经历较长时间才会有所表现。

总体而言，无论男女，一样具有固执而强烈的嫉妒心。

男女谁的嫉妒心更强？

看到这个问题，估计大多数男人都会回答："当然是女的啦！"

同样的问题，估计女人也都会回答："可能是女的吧。"

结果，在嫉妒心问题上，"女人嫉妒心更强"也就成了大家的普遍看法。

实际上，我对男女共五十个人所做的调查结果也显示，几乎所有人的回答都是"女人嫉妒心强"。

何谓嫉妒

不过，虽然同为嫉妒，但不同的人也会有不同的认识和理解。

因此有必要对此加以明确。

字典上的解释如下：

一、因人胜过自己而产生的忌恨心理；

二、因恋人移情别恋而产生的仇恨心理和情绪。吃醋。

由此可知，"嫉妒"的一个意思是指包含同性和异性在内，单纯对能力或外表胜过自己的人产生的忌恨心理；另一个意思涉及异性间的感情，相当于平时所说的吃醋。

虽然同为嫉妒，其内容和表现方式却会因为以上两个不同意思而出现显著的差异。

因此，为了避免混淆，我们把第一层意义上的忌恨心理称为"嫉妒A"，第二层涉及异性间感情的吃醋心理称为"嫉妒B"。

下面，我们就从这两个层面来对男女嫉妒的各种情形进行深入的剖析。

两类嫉妒

首先看一下嫉妒A，男女都会产生这类嫉妒，但是具体情形却有所不同。

男人产生嫉妒A的情况下，其内容几乎全部集中在有无头脑和能力、工作成绩是否突出等方面。

很明显，这些都是现实生活中非常重要的素质和能力，具备这些素质能力的人往往受到不具备者强烈的嫉妒。

当然，如果一个人所具备的明晰头脑及才能和不具备者之间差距大到使其望尘莫及时，受到的嫉妒反而不会太强烈。

但是，当两者差距不是太大，不具备能力者稍加努力就能追上的时候，产生的嫉妒最强烈，相对优秀的人会受到强烈的嫉妒。

事实上，大学、研究室、各类公司以及各个部门里经常可以看到这种嫉妒，而职场上的很多问题都与此有关。

那么，当女人有"嫉妒A"心理的时候是怎样一种情形呢？

对女人而言，她们嫉妒的内容除了是否聪明能干之外，还包括外貌是否漂亮。

过去，女性长期在家而不在外工作的时期，外貌是否漂亮几乎占据了其生活的所有内容，甚至能够左右其一生。

但是现在，越来越多的女性开始走上社会，头脑是否聪明、工作能力是否突出也一样成为她们关注的对象，也开始成为导致嫉妒的原因。

总之，男女产生嫉妒的原因涉及诸多方面且相互影响是不争的事实。

动物会嫉妒么？

动物会不会也存在嫉妒心理呢？

关于这个问题，还没见到有专门对其进行论述的著作。

不过，如果细心观察动物们的活动，就能发现它们也会表现出类似的心理。

比如，一只狗正在享受一顿美食的时候，肯定会有另一只狗跑过来试图争夺。

这一行为就类似于对拥有比自己更好物品者产生的忌恨心理，也就是嫉妒。

不过，由于急于抢夺另一只狗拥有的东西，而且表现方式过于赤裸裸，它与人的嫉妒心理还是略有差别。也许更应该把它看作是想享

用美味的食欲驱动的本能反应。

所幸的是，文明的人类不会像动物那样直接露骨地表露自己的欲望，而是把它深深埋在心底。

好友间的嫉妒

人们在各种条件下会产生各种各样的嫉妒心理，其中最普遍也最容易理解的是好友间的嫉妒。

比如，S子比好友T子长得漂亮，而且身材、肤色也比T子好。

这时T子自然觉得不舒服，并且会对S子产生嫉妒。

但是，产生嫉妒之后的反应则会因人而异。有的T子会不甘心输给S子，想尽办法让自己变得跟S子一样漂亮，也有的T子会认为无论怎样努力也白搭，干脆直接放弃。

可见，产生嫉妒的对象即使是身边的人，之后的反应也各种各样，因人而异。

形成嫉妒的原因多种多样，除了外在的容貌和体形等身体因素之外，也可能来自对方的父母或其他亲属，甚至生活条件等各个方面。

虽然如此，人们显然并没有永远深陷其中，为其所困。

这方面，主要取决于产生嫉妒心理的人自己的性格，当然也往往会受到周围各种人和事的影响。

男女嫉妒心的差异

产生嫉妒以后，男女的处理方式有什么不同呢？

先来看一看女性之间的情况。对她们而言，反应最为强烈的是与爱情相关的"嫉妒B"。

例如，两个女人在争夺喜欢的同一个男人的时候，她们的嫉妒心理表现得最为强烈，甚至发生冲突。

情敌之间当面争吵自不必说，她们甚至会在大庭广众之下毫无顾忌地相互指责、谩骂。

而且，这种嫉妒不会轻易消失，即便得到短暂的平息，也会在很长时间以后继续发酵。

当然，男性之间也会存在这种嫉妒，有时也会像女人一样经久不衰。

但是，男人与爱相关的嫉妒较之女人相对较弱，即使有时表现强烈，更多地却会随着时间的流逝渐渐消失。

因此，似乎可以说，在"嫉妒B"方面，更多的女性会产生强烈的嫉妒，而男性则相对淡泊，也容易解脱。

男人间的嫉妒

尽管如此，从以上事实还不能简单得出男人更为淡泊、容易摆脱嫉妒影响的结论。

下面讲一个某公司真实发生的事例。某男平时不露痕迹地接近社长及其周围的干部并获取了信任，很快升任了副社长，并最终升任社长。

对于知情人来说，他的升迁之路非常工于心计，甚至可以用阴险狡诈来形容。因此，看不惯这种做法的人不认同新社长，并且开始暗地里做各种工作以迫使新社长辞职。

而且，这种活动持续了不止一两年，四五年之后仍然继续，最后终于把新社长从社长的位子上拉下马。

其间，他们一直坚持做工作，其执着程度令人惊叹。

前面我们曾说过女性的嫉妒心可以经久不衰，现在看来，男人们的这种嫉妒显然有过之而无不及。

实际上，类似的现象并不少见，可以说各个企业里每天都在发生。

这种事例涉及面广，下从股长到部长、科长的人事安排，上到相应各部门，甚至连公司的社长一职也包含在内，每天都在反复发生。

而且，在其背后总是会隐藏着反对派的实力人物。

看了这些就会明白，其实男人的嫉妒和执着并不像大家认为的那样淡泊。

而且，男人因"嫉妒A"而起的复仇与女人因"嫉妒B"而起的报复相比，往往历经长期的观察和准备。在这个意义上，男人的嫉妒要远比女人更为强烈和执着。

复杂多样

尽管开始时我们说女性的嫉妒心更强烈，但是看到这里我们知道男人也一样有强烈的嫉妒心。

而且，嫉妒的表现方式也因人而异，跟个人嫉妒和忌恨的程度及其心胸大小相关。另外，男女的表现特点也有显著差别。

总体而言，女性的嫉妒会较早地表现出来，并且往往直接针对嫉妒对象，而男性的嫉妒则更多体现在工作中的职位问题上，往往历经漫长时光，逐步迫使对方丧失身份和地位。

由此可以得出结论，女性的嫉妒大都就事论事并且容易看出来，而男性的嫉妒则倾向于迂回，并且会把很多人牵涉其中，花费较长时间才最终表现出来。

总而言之，男女一样都有相当强烈且执着的嫉妒心。

随着现代文明的发展和人们生活方式的多样化，嫉妒这种心理现象也变得更加复杂，而其针对嫉妒对象的报复过程也将更为纷纭多变。

其九

行动力谁更强

男人们如果能再多点深思熟虑，少点行动力，人类社会也许会更加稳定平和。

今后的关键问题是，男人遇事要多跟女人商量。

当然，并不是说女人的判断一定正确，但是总比男人一个人做出的判断视野要更广阔，也更为有益。

男女谁的行动力更强？看到这个问题，几乎所有人都会回答"当然是男人了"。

也就是说，不光男人，几乎所有的女人也都这么认为。

确实，仅就行动力而言，男性比女性更占优势是毫无疑问的。

然而，在开始一个行动之前，需要有一个行动的理由。

现在是否必须这么做？采取行动以后，自己能在多大程度上达到目的？如果无法达成既定目标，应该在什么时候中止行动？

如果对以上这些问题不经过判断，随便因为兴致所致或者因一时感情冲动就贸然将想法付诸行动，就很难称得上是有效的行动力。

当然，对问题的判断能力因人而异，不同的人也会有不同的判断。

这些个人的差别不胜枚举，在此我们所说的行动力一般是指人们在一般情况下按照常识觉得采取某一行动比较合适，并在此基础上展开的行动。

男人发动的战争

自古以来，男人都在采取着各种各样的行动。

其中，规模最大的就是冲突和战争。

对当事人而言，这些冲突纠纷和战争都是不得已而为之，都是必须进行的。

但是，那些冲突纠纷和战争是否果真必要，实在令人怀疑。

而且，即使当时有必要采取的行动，放在漫长的历史长河中去看，往往会变成毫无意义的行动，带给人们的只有牺牲，而不是幸福。

例如，发生在70年前的太平洋战争。发动战争之初打的是为了日本繁荣和建立大东亚共荣圈的旗号，但事实上却造成了300多万日本人的死亡和战败的悲剧，是不折不扣的大灾难。

战国时代频发的无数冲突和纷争，规模虽然不大，但伴随着各种利益纠葛，因之获利者有之，因之失利者也有之，有谁能断言所有冲突纷争都是必不可少的呢？

而且，毋庸置疑的是，在这些行动过程中最大的受害者却是采取行动的男人身后的女人们，她们所承受的苦难之深已经无以言表。

男人们行动的背后，往往有众多的女性及其家人。因此，男人们在采取行动之前应该想清楚能不能给自己的妻子和家人带来幸福，这是不言自明的道理。

缺乏考虑的男人

男人行动的背后存在着女人及其家人，这不仅限于战争和大规模冲突，在日常生活中也是如此。

在大多数家庭生活当中，最先采取行动的大都是男人、丈夫。

例如，对妻子以外的女人产生好感，并且关系进一步亲近，最后与之结合，有时还会生子。

类似这种家庭内部的矛盾，往往都是由男方引起的。

当然，女人也有喜欢上丈夫以外的人，最后放弃家庭、离家出走的，但是其发生的频率要远远低于男性。

虽然如此，但是要得出男人行动力更强的结论还为时过早。

这是因为，有很多行为都是轻率或者毫无责任感造成的。

不仅家庭生活如此，在公司里或者一般聚会等社会生活当中，也经常可以看到男人因为一时冲动而采取的单方面行动。

男人们经常喜欢说"一时兴起就做了"，但是，他们因为考虑不周而后悔莫及的情况不胜枚举。

相对而言，女性却很少像男人那样因为一时兴起而做什么。她们内心怎么想另当别论，但她们因为很少将想法付诸实施而引发纠纷却是事实。

当然，也不能因此就简单断定女性更深谋远虑。

之所以如此，更可能是因为女性行动力不强，加上对自己的力量缺乏信心。

换言之，由于女性的力量不如男性，所以很少付诸暴力，反而因此产生了积极作用。

鲑鱼和鳟鱼

由上可知，男人由于身强有力，因而遇事缺乏考虑，容易随性而为。这一点在平时的生活中也有所表现。

例如，夫妇两人吵架时男人发火的情形。

这个时候，男人经常甩下一句"这地方没法待了"，便离开家扬长而去。

实际上，男人因为生气离家出走的比例远比女人高，结果往往是家里只留下妻子一个人。

然而，妻子也并不因此而惊慌失措。

男人气势汹汹离家出走之后，过不了几天便会自己回来。当然，也不乏经过一年半载仍不回头的情况，但是最终往往都是降低姿态老老实实回家。

也就是说，即使一时出走，但大多数男人最终还是会灰溜溜地回家。

因此，我们可以把离家出走的男人比作鲑鱼。

因为鲑鱼在精力旺盛的时候游历各处江河，但是最后仍然会返回自己出生、成长的河流。

与此相对，女人一旦离家出走就不会回头了。即便知道丈夫在家苦等，依然丝毫不为所动。

因此，可以把女人比作从河流游到大海一去不复返的鳟鱼。

可以说，鲑鱼和鳟鱼两种鱼的行为特点准确地再现了男女行为的不同。

男人像鲑鱼，得势时痛快火爆，气势汹汹舍家而去，但结果总是后悔莫及灰溜溜重回家来。女人像鳟鱼，一旦选择出走就绝不复返。

也许是因为这个缘故，虽然菊池宽著有戏曲名篇《父亲归来》，但是时至今日也未见以《母亲归来》为题的小说作品。

应该说男女的这一区别，恰恰形象地说明了女人决断的坚定性和绝不回头的彻底性。

忘记过去

男性像鲑鱼，女性像鳟鱼，他们的区别总是表现在现实生活中的方方面面。

例如，男人总是对过去念念不忘，总喜欢回忆往事。

即使在收拾整理房间的时候，他们也非常在乎过去的东西，经常精心加以保存。

例如，像情书之类的，即便是现在毫无关系、已经彻底分手了的前女友的信件，他们也会小心翼翼地用心保存，并且会时不时地取出阅读。

同样，留有前女友回忆的各种物品，他们也会极为自然地留在身边而不觉得有什么问题。

因此，当被现女友发现时，两人关系掀起滔天巨浪也就不足为奇了。

总之，男人容易留恋过去难以自拔，无法毅然斩断与过去的关系。

相对而言，女人忘记过去却痛快彻底得多。

无论过去曾经多么深爱过，当与别的男性重新坠入爱河时，她们对与前男友有关的一切都会视而不见、彻底忘记。

前男友写来的情书自不用说，留有前男友气息的所有物品，她们都会彻底抛弃。

这种果断的态度，看似有男子气概，却恰恰体现了女子的鲜明特征。

男女的组合

至此，让人不禁又一次深深感慨，神赐予男女这么不同的结构性特征，多么具有讽刺意义啊！

男人遇事欠考虑，容易一时冲动，却偏偏给了他们强大的行动力。

因为这一极具讽刺意义的结构特点，人类遭受了多少灾难和悲剧啊！

男人如果能够考虑得周全些，同时行动力相对减弱，人类社会也许会变得更加稳定平和。

另一方面，如果能多给女性一些行动力，男人盲目蛮干的行为就会受到制约，世界发展的方向也许会和今天完全两样。

但是，现在发牢骚已经无济于事。

与其发牢骚，还不如思考一下怎样才能让我们在认识了男女特点之后使其朝着积极的方向发挥作用。

那么，现实中的我们该怎样去做呢？

最重要的应该是男人遇事要多和女人商量。

毫无疑问，女人会对相关问题做出具有女性特点的判断。

她们的判断虽然并非永远正确，但总比一个男人的判断视野开阔，至少是有益无害的。

至此，我们从行动力的视角出发，分析了男女各自的特点及其优势和弱点，想必大家已经明白，在无意识的行为当中，也都蕴含着男女各自不同的考虑。

当然，不能断言任何情况下都是如此，但是以此为契机，如果在观察男女的行为时，能够不止于表面，而是透过表面深入行为背后进行更加全面的思考，将大有裨益。

其十

谁是美食家

跟女性相比，男性的身体极少发生改变，味觉总体上也很少变化。

这一点对于烹饪而言具有积极意义，厨师成为男性的职业与此关系极大。

另一方面，与身体终生几乎没有变化的男性相比，女性的身体会适时灵活调整应变，也堪称柔韧坚强。

"美食家"这个词源自法语,意指敏于味道、喜欢品评美食的食神一类人物。

文中使用时当然有这方面的意思,但同时也指对味道是否敏感或者挑剔。

在这个意义上,当询问大家男女谁是美食家的时候,会得到怎样的回答呢?

在对男女20人所做的调查当中,有16人认为是男性,剩下仅有4人回答说是女性。

令人惊奇的是,询问的12个男人全部回答是男性,而8个女人中只有4个回答说是女性。

女性不是美食家

一般都认为,女性平时比男性更多地出入厨房做饭做菜,所以女性一定对味道有更多的发言权,但出人意料的是,事实并非如此。

究其原因,虽然平时都是女性做饭做菜,但基本上都是家里的饭菜,很少有女性在西餐厅做过高级料理。

的确如此，在一流的西餐厅基本上见不到有女厨师长或烹饪师。

这是因为女人没有自信心成为烹饪师，还是因为不喜欢这种工作呢？

就此我咨询过一个一流西餐厅的厨师长，据说很少有女性愿意成为烹饪师，而且比率几近于零。

当进一步询问原因时，得到的回答是"好像女性一开始就认定自己不适合这一行"。

果真如此吗？我又去参观了日式料理店和西餐厅的内厨，结果没有发现一个女性。

男人的工作间

在日式料理店和一流的西餐厅见不到女烹饪师的原因据说有以下几种。

首先，在男人太多的地方干活不方便，很多地方都要劳心费神。

这很容易理解。有人说，厨房里经常要大声吆喝着提神提气，而且要处理的都是生鱼、生肉之类的生腥，动作迟缓的女性根本干不了。

这个说法确实有些道理，但同时我心里又闪出一个想法。如果全部由女人来经营一个以女性为中心的西餐厅，会是怎样一种情况呢？

如果真有这么一个地方的话，我想很多男人也会想光顾看一看的。

头发问题

前面我们分析了在料理店和高级西餐厅的厨房见不到女性的原

因,现在,一位男厨师又告诉我一个意想不到的理由。

说起来也不难理解,那就是女性头发太长。

确实,很多女性都喜欢留长发,并且喜欢做成各种各样的发型。

但是,如果长发脱落掉进了饭菜里,那会是什么结果呢?

据说,如果发生这样的事情,就会导致掉落头发的饭菜无法上桌,甚至所有已经做好的饭菜都无法端给客人。

这种解释听起来的确有些道理。

如果顾客出高价点的饭菜里发现了头发,我想无论是谁都不会再去那家饭店了。

不过问题是女人的头发真的那么容易脱落吗?

如果事先整理好头发,或者戴好帽子,以保证头发绝对不会脱落,那不就没事了吗?当我说出这个想法的时候,那位师傅立刻给予了否定。

据他说,即使戴好帽子,帽檐边和脖子周围的头发也有可能掉落。

这位师傅看来特别讨厌女人的头发。

在他看来,无论怎么小心,女性还是不适合干烹饪这一行。

也有的烹饪师说女人都有化妆或者喷有香水,这些特殊的气味会影响对食物本身天然香味的识别。

的确如此,这么说来还真是这么回事。

用什么品牌的化妆品另当别论,女人总是处在各种不同化妆品的包围之中。而这些化妆品会严重干扰人对食品自身天然香味的辨别。

但是,众所周知,平时围着厨房转的基本上都是家庭主妇。

这到底又是怎么回事？据说，这是因为家里的饭菜做好做坏都无关紧要。

而且，女性在家里做饭时基本上也不化妆。

的确，如果每次都化了浓妆再下厨房做饭的话，估计谁看了都会不舒服，结果很可能是辛辛苦苦准备的饭菜却让人提不起食欲。

总而言之，长头发和各种各样的化妆品看来确实是"烹饪的大敌"。

月经的有无

前面我们一起分析了女性不适合当厨师的各种原因，除此之外据说还有更为重要的原因。

一位日本料理店店长解释说，女性不适合当厨师主要是她们有例假的缘故。

所谓例假，当然是指月经了，但是月经有什么不好的呢？某种意义上，这正是女性之所以成为女性的明证。

然而，据说原因就出在这里。

为什么呢？厨师长给出的理由很简单。

据说女性的味觉会因为月经而发生改变。

一般来说，女性来月经的时候味觉会变得迟钝，难以察觉食品味道的细微差别，因此不能胜任。

经这么一说，我也觉得确实如此。

因为月经会导致味觉迟钝，所以月经期间也就必须请假。这就自然导致大型料理店的烹饪师无法由女性担任。

不过，月经真的能如此改变味觉吗？

我就此问题又询问了那位店长，果真是影响巨大。

他曾经让自己的妻子来月经的时候进行味觉测试，每次测试的结果都差别很大。店长笑道，这样根本没办法当烹饪师。

倒是头发过长和化妆的问题，如果想要改变还是容易做到的。

但是，月经却无法改变。

月经导致味觉不准，若为了当烹饪师而人为停经，则身体又会出现异常。

如果依然不顾这些坚持做烹饪师，可以肯定的是，月经来时就无法进入厨房了。

因此，与其说烹饪师只有男性，倒不如说是女性难以担此大任。

女性随机应变

至此可以看出，男性跟女性相比，身体极少发生变化。

总是保持平稳，味觉也一样，不会因为身体条件的变化而发生改变。

这一点对于厨房作业而言是积极因素，从而也使烹饪成为男人特有的职业。

也许有的厨师长会得意扬扬地展示自己精湛的手艺，但即便如此，也不能就此得出男人比女人强的结论。

在这个问题上，仁者见仁，智者见智。也有观点认为，比起一生没什么变化的男性，能够随机应变的女性更富有灵活性，也更强大。

实际上，女性也许确实不适合做烹饪工作，但是，在品味食物、评鉴美食方面，却是不折不扣的美食家。

事实上，给大家做"哪家西餐厅的哪道菜味道不错"之类推荐的大都是女性。

日式料理也一样，"某某料理店的某某菜品很不错，即使贵点也值"，掀起美食热潮的往往也是她们。

而且按照她们推荐的内容实地品尝的结果也往往令人很满意。

也许有人觉得不解，不适合做厨师的女人为什么能够对美食这么敏感呢？我想这大概都是在女人没来月经、身体状态良好的情况下发生的吧。

这么说来，也许女人更适合做品评美食的消费者，而不是去当烹饪师。

谁是美食家

让我们重新回到开头。"美食家"这个词源自法语，意指敏于味道、喜欢品评美食的食神一类人物。

在通晓各种食品、喜欢美食这一层面上，男女谁更强呢？

再次面对这个问题，一开始大家给出的回答就显得有些奇怪了。

这是因为一开始我们所说的美食家，过多地强调了"适合不适合制作美食"这层意思，而忽略了"品评美食"这层意思。

的确，从这个角度来看，女性的味觉略显迟钝，有时还过于偏激，所以不足为信。

但是，如果从品评食物制成品的食神角度来看，则是喜欢美食且好奇心强的女性居于优势地位。

与此相对，男性制作和提供美食的能力强于女性。这么说总感觉男性有些吃亏。

其实我也很想说男人也有品评美食的卓越能力，但遗憾的是，这方面却鲜有人问津。

而且，男人们品评的食品多限于拉面、牛肉面等日常饮食，当然档次感也就有些欠缺。

因此，本章似乎可以得出如下结论。

在美食方面，男女各有所长，女性更乐于品评外观气派、富有特色的西餐，而日式料理这种相对低调、需要细细品味的平民料理则主要由男性品评。

当然，对于这种区分方法，也许还有很多其他不同意见。

其十一

男女性欲谁更强

男性的性欲与生俱来,深藏于体内。

女性的性欲需要与认可的男性经过恋爱过程才能慢慢萌发。

男女的性欲有着本质上的不同,二者无法放在一起进行比较。

男女性欲谁更强？

分别向男女各10人提问后得到以下结果：男性10人中有7人回答"男性"，剩余3人回答"女性"。

同时，女性10人中有5人回答"男性"，3人回答"女性"，剩余的回答"不清楚"。

从以上数据来看，似乎大多数男性都认为男人性欲强，女性也都认为男人性欲强。

这是为什么呢？

为什么大多数男性都这样想呢？

同样，多数女性为什么也持相同观点呢？

下面我们就逐个进行分析。

越年轻性欲越强

调查问卷是由我个人进行的，可能不够客观。不过，耐人寻味的是，越是年轻的男性越认为"男人性欲强"。

与此相反，回答"男人性欲弱"的男性则都是年龄介于40至50

岁之间。

另一方面，感觉"男人性欲强"的女性都比较年轻，基本上处于20岁至30岁之间。

反之，认为"女人性欲强"的女性年龄则都是介于40岁至50岁之间。

由以上数据可以得出结论，男性和女性在年轻时都感觉"男人性欲强"，随着年龄的增长，看法会逐渐变成"女人性欲强"。

基本上可以认为，这种感受的特点在其他调查统计中也可能会出现，是目前日本几乎所有男性和女性共同的感受。

欲望的推移

那么，为什么会有这样的特点呢？下面我们来分析一下原因。

首先，看一看男性。

一般情况下，年轻的男性能够每天都感受到与生俱来的性欲。

而且，每当此时，他们都会对自己体内涌动的性欲感到困扰和迷茫。

实际上，他们只要看到年轻女性，或者女性的内衣穿戴，甚至于只要闻到女性化妆品或者女性的气息就会燃起情欲并伴有勃起。

那些不断感受这种体验的年轻人，特别是十几岁、二十几岁甚至三十几岁的年轻人，由于经常感受这种性欲，自然就会认为还是男人性欲强。

相反，女性，即便是年轻的女性却不会直接感受到那么强烈的性

欲。

她们即使认为一个男人很帅,也很少直接跟性欲相联系,而只是在精神上有所憧憬,但也就仅此而已。

然而,随着年龄的增长,情况却会发生巨大的变化。

例如,男性进入中年以后,由于工作越发繁重,他们的大部分精力都被工作占用了。

而且,由于忙于工作,他们经常疲惫不堪,更没有精力顾及情欲上的事了。

再加上中年男性大都已经结婚,大多数人对女性的欲望减弱,觉得有妻子就已经够了。

还有的男性连妻子都应付不过来,对其他女性更是避之不及了。

男性过了三十岁,身体机能开始衰退,再加上工作上的压力,即使没有结婚,也已经不再像年轻时那样经常为性欲所困了。

男性到了四五十岁以后,性欲也会明显减弱,相反,女性或者说妻子的性欲反倒增强了。因此，回答"女人性欲强"的肯定大都是这些男性。

女性的性欲

那么，女性又是什么情况呢？

准确地说，女人的性欲只有跟男人接触才会明显地表现出来。

如果没有直接跟男性接触，女性的性欲不可能有明显的表现。

而且，女性的性欲不会像男性那样射精以后就可以平复。

换言之，女性的性欲不像男性那样具有明确的起点和终点。

而是全身心沉浸在一种甜蜜的快感之中，更多是一种愉悦感。

因此，女人可以随着男人的性行为重复多次产生这种快感。

一个关键的问题是，女性只有从心底里喜欢对方，才能在对方的引导下萌生性欲。如果没有这一前提，无论发生多少次关系，女性也不会产生性欲。

在这个意义上，可以说所有男性都会有性欲，但是女性却只有那些体验过美好性关系的人才能感觉得到。

因此，对女性而言，在提出"性欲强不强"这个问题之前，首先应该做的工作是确认她是否有过性欲的感觉。

当然，由于没有事先对参与这次调查的女性进行区分，所以也可能包括没有性快感体验的女性。

基于上述原因，在对与性相关的问题进行调查时，不应忽略男女之间有着巨大差异，这也是进行调查时的基本出发点。

熟女的体验

在这个意义上，这次调查中有三名四五十岁的女性回答"女人性欲强"这一点值得注意。

她们大都与心爱的男性有着持续的性关系，并且体验过性快感，所做的回答当然也是基于自己的真实体验。

当然，她们的男性对象从事什么职业、属于哪种类型等问题也相当能引起人们想进一步了解的兴趣。

另外，她们为什么会觉得女人性欲强？什么程度的性关系才能令人满意？这些也是我想进一步了解的问题。

总之，有女性能够如此坦率地承认自己性欲强具有一定意义。

如果她们能够将这种欲望用更具体的方式表达出来，或者能够准确地向男性传达自己所需所要的意愿，则不但能够激励男性，也可成为他们行动的参照。

当然，其中肯定有一部分已经传递给了各自的对象，再下一步就要各自发挥自己的想象了。

总而言之，感觉"女人性欲强"的3名女性，都是年龄在40到50岁之间的成熟女性这一事实，确实需要加以关注。

比较毫无意义

再强调一遍，男人的性欲是生来就有的，产生性欲不需要特别的时间或者体验。

到了合适的年龄，即从十几岁到中年期间，自然会产生性欲，不需要特别的体验或者精神上的爱恋等其他条件。

而且，男人的性欲在射精以后就会自然消失。

也就是说，产生性欲的过程中不需要有女性参与，即使有女性在身旁，也不需要对对方有爱恋等精神上的亲近感。

与此相对，女性的性欲只有在与合适的男性不断地发生关系后才能获得。

而且，还必须对男性产生好感或者爱恋对方。

同时，感觉出对方性能力强弱也是只有在持续一定的性关系基础上才有可能。

由上可知，在比较男女性欲的时候，要注意其内容有着巨大的区别。

也就是说，男性的性欲是深藏体内、生来就有的欲望。女性的性欲要经过与合适男性的恋爱之后逐渐产生。

从男女产生性欲的不同特点可以看出，男女的性欲有着本质的不同。

因此，男女的性欲基本上没有可比性。

也就是说，比较男女性欲本身就毫无意义。

仁者见仁

那么，对男女性欲所做的分析也是毫无意义的吗？

也许有人会有这种想法，但是我不敢苟同。

我反倒觉得这个分析有着极大的意义。

我们由此得以从根本上重新认识男女的性欲问题。

一直以来有很多人在议论"男女谁性欲更强"这个话题，现在看来大家把这个问题想得过于简单了。二者根本不具有可比性，更无法放在一起讨论和比较。

那么，分析这个问题的过程是否完全没有意义？当然不是这样。

分析这个问题最大的意义在于，我们知道了男性和女性的性欲是不能放在一起讨论和比较的。

正像本章分析的那样，二者是两种完全不同的欲望。

其次，就是二者互不相同的事实。男人的欲望只有男人了解，同样，女人的欲望也只有女人明白。因此，不应拿二者来比较和讨论，各自收藏在心中就好，而怎样对待它则完全可以由个人自己定夺。

总而言之，男女的性欲存在极大的不同，这一点希望大家能够记住。

谁更能面对逆境

其十二

当面对离婚、离别、失业等逆境的时候,该怎样去面对,怎样振作起来呢?

其实,表面看来纤弱的女性却能够比男性更快地振作起来。

男女面对逆境时这种与外表完全背离的振作能力,正是使人际关系复杂纷呈的源头。

何谓逆境？

在分析这个问题之前，首先应该明确"逆境"的定义。

逆境一般指的是怎样一种状态呢？

每个人想象出的情景可能不一样，在此，我们把它定义为男女所遇到的不理想状态，具体而言，主要指以下几种情景。

它们分别是离婚、和亲密异性的离别以及失业等。

当面对这些情境时，男女分别会怎样应对、怎样振作呢？

下面，我们就看一看男女在这些情境下的不同表现。

从离别中振作

先来看一看离婚和离别。当然，这些都以不想分开为前提。

之所以这样说，是因为如果想要分开，那么离婚和离别不但不让人伤心，反而是令人快乐的事。

因此，主要是指不想分别、不得不与深爱的人离别的情况。

在这种情况下，男人和女人谁更容易情绪低落？谁更容易重新振作呢？

在这个问题上，每个人都会有不同的表现，而且离别的过程也因人而异。

但是，普遍来看，还是女性能够更快从这种状态中振作起来。

但是女性情绪会异常低落也是事实。

实际上，当面对这种情况时，大多数女性都会脸色苍白或者痛哭流涕，让人担心她们能不能从悲伤中振作起来。

但是令人惊讶的是，过不了多久，一个月或者几个月之后，她们大都已经完全振作起来了。

当然，说是完全振作，也只是表现出来的样子而已，至于自己真实的内心世界，也许依然经受着各种辛酸和悲伤的折磨。

然而，一两年以后，大多数女性就已经忘记了过去的伤心事，并且投入到新生活当中了。

这当然只是一般情况，几年后依然无法走出过去悲伤阴影情况的也并不少见。

不过，这些只是少数个别情况，在此我们主要讨论一般情况下女性表现出的特点。

各种各样的杂事

在此我想强调的是女性头脑快速切换的能力。

平时看一下女性的行为特点，会发现她们经常是刚才还在做着一件事，转眼间又对另外一件事热衷起来。

例如，刚才还在教训孩子、教孩子东西，紧接着就做起饭来，或者跟别人聊起天来。

能够在极短的时间里同时做几件事情，而且能不动声色地做好。

这是女性独有的特点，男性在日常生活中一般很少同一时间做很多事情，即使做了也很难巧妙地把多个事情协调好。

总之，看到女性这个活动特点，就会让人感觉到女性随机应变处理多个事情的能力很强。

当然，这些还都只是日常生活中的琐事，不过除此之外，在其他重要问题上好像也呈现出同一倾向。

也就是说，在分手或者离别这些本章要讨论的重要问题上，女性也能够把注意力轻易地从一件事转移到另一件事上。

也许准确的说法应该是她们无法把注意力只集中在一件事上。

不知是幸事还是不幸，女性身边总有这样或那样的琐事，反而在某种意义上让女性可以轻易地转换心情。

身体的巨大变化

还有一件事不能忘记，那就是女性身体的变化。

这么一说可能难以理解，女性的身体经常会随时随地发生改变。

比如说生理期时，女性的体温、脉搏、皮肤的触感以及感受性都会发生微妙的变化。

因此，她们对各种事情的想法和执着程度都会有相应的改变。

总之，她们身体和皮肤的触感并不是一成不变的。

同样的情况，男人身上不可能发生。所以，他们对此也根本无法

理解。

身体和感觉的变化对离别的悲伤和孤独当然也会产生微妙的影响。

一般认为，身体变化越是频繁，越是容易从过去的恋爱、分别带来的痛苦中解脱出来。

换言之，如果没有这样的变化，一种情绪就会深入骨髓，难以轻易改变。

总而言之，这种身体变化是女人独有的特点，男人是无法理解这种感觉的。

自尊心强的男性

下面我们来看一下男性在女性突然提出离婚或者分手时的反应。一般来说，男性的反应要比女性来得激烈和刻骨铭心。

究其原因，一般认为是与男人强烈的自尊心有关。

一般情况下，由于男性比女性自尊心强，所以很少会意识到女性将要离自己而去。

在这种状态下女友离开自己，男性会比女性更受伤，甚至丧失自信。

男性不会让自己情绪低落的精神状态明显地表露出来，但是心里却承受着沉重的打击。

不幸的是，男人很少有合适的机会转换心情。

女性在带孩子的同时还能够做饭，但是男性却无法做到像女性那样。很难说这是好是坏，男性日常生活中基本上没有这样的变化，更多的是投入全部精力专心做一件事。

这个特点在工作的时候当然具有积极意义，但是如果遇到不高兴的事情，就会因为不善于调整心情而造成过大的精神负担。

男性不像女性那样身体经常发生变化。

这当然不是什么坏事，但是也正因如此，被女性甩了以后的寂寞和留恋会重重地压在心头，无法释怀。

男性多留恋过去

还有一个问题，就是男性难以忘记过去，对过去出乎意料地执着。

例如，他们会格外小心地保存女性写给自己的书信或者是送给自己的礼物。

当然，他们也会清楚地记得跟女友的各种回忆和曾经的甜言蜜语。

男性纠结于过去、难以忘怀过去的倾向在分手的时候表现得尤为明显，他们无法快速从过去中走出来。

因此，男性表面上看起来似乎遇事果断爽快，但实际上内心世界却出人意料地敏感和脆弱，非常容易受伤。

正是因为这个原因，男性在被女性甩了或者不得不分开的情况下，往往很容易受伤，甚至从此一蹶不振。

尽管如此，男性却很少表露出来。有时候非但不表露，反而会极力加以掩饰，把自己的内心世界封闭起来，并且装出一副什么事也没发生的样子。

然而，这样的逞强却随时会不知不觉地流露痕迹。

例如，一个人孤独寂寞的时候，男性会突然想起已经分手的女性，并且会不停地咒骂。

问题是即便这样，他们也无法平复被女性甩了的悔恨与愤怒。

男女复杂的强项

至此，这个专题讨论的结果已然明朗。

男女在面对逆境的时候谁更强？面对被甩、不得不分手的情况，谁能更快地从消沉中重新振作？

答案无疑是"女性"。

女性能够比男性更快地走出孤独和寂寞并重新振作。

这一事实，仅从表面看很难认识到。不但如此，只看表面还往往容易形成女性偏弱的错觉。

男女自古以来都在不断地分分合合，每次分合，都伴随着两人之间无数的纠结、痛苦和烦恼。

最后的结果，更快地走出情绪的低谷并振作起来的是女性。其间，女性会重新组建家庭，生育子女，并构筑全新的人际关系。

与此相对，很多男性始终深陷孤独的深渊，没有奋起，只是一味地把自己闭锁在一个人的世界里。

这个时候，太多的男性会形成一种自恋情结。

他们也有不甘被抛弃、自我鼓励振作奋起的人，但是更多的人却是熟悉了寂寞并默默忍受。

再次强调一下,男性的脆弱仅从外表很难看清。

无论谁看到体格强健的男性都会自然认为他独自坚强地生活根本不是问题。

然而,现实中的结果与想象截然相反的例子比比皆是。

另一方面,表面看来纤弱柔顺的女性却能够很快从悲伤中解脱,重新振作并开启新的生活。

在这个意义上,女性是顽强的现实主义者。

即使一时陷于悲伤寂寞,也能够很快将其忘记,并迈步走向新的人生。

男女这种与外表迥然不同的特点正是使人际关系复杂纷呈的根源。

在这个意义上,本章探讨男女"谁更能面对逆境"这个问题,无疑对男女之间的关系进行更加深入的理解和认识大有裨益。

谁更能适应新环境

其十三

一般来说，女性柔顺灵活，但没有明确的自我定位。

相反，男性都有清晰的自我定位，而且不喜欢改变。

不论东方还是西方，千百年来传承下来的婚姻形态表明，在顺应环境的能力方面，女性明显比男性占优势。

在思考这个问题之前，我们首先来看一看婚姻形态的问题。

从古至今，婚姻形态经历了哪些变化呢？

最先让人想到的就是女性作为媳妇出嫁到男方家里。

这是至今为止采用最广泛的婚姻形态，因此，在一些有历史传承的地方，依然还可见到"娶媳妇"的说法。

总之，妻子出嫁到丈夫家生活，是迄今为止采用最多的婚姻形态。站在男方的角度看，这是名副其实的"娶媳妇"。

同时，在举行结婚仪式的时候，还都要准备好嫁衣和嫁妆。

与此相对，还有一种结婚形式叫作"招赘"，当然这种形式在生活中并不常见。

这是男性到女性家中成亲落户，相当于做了养子。

从古至今，这种"招赘"婚姻与"娶媳妇"相比数量极少，"招赘"做了养子的男人一般也要把自己的姓改作女方家的姓。

在现实生活中，女性嫁到男方家里的"娶媳妇"式结婚占绝大多数，过去这一形式占实际婚姻的九成以上。

妻子进入丈夫的家庭生活

正像前面介绍的那样,迄今为止,婚姻的形式仍然是以妻子进入丈夫的家中生活为主。

在此,妻子的顺应能力就显得尤为重要。

如何顺利地适应丈夫家里的生活?

丈夫家里当然有他的父母,甚至还有他的兄弟姐妹。

另外,丈夫家的生活习惯也许不同于妻子的娘家,家风可能也不同。

收入和经济状况以及消费观都有可能不同,而且食物和饭菜也许都有独门绝活,跟亲戚以及周围邻居的相处方式也会各不相同。

对于女性而言,结婚以后到丈夫家生活,面对的环境变化是前所未有的,跟城市相比,这一点在农村表现得尤为明显。

面对环境如此之大的变化,嫁到夫家的女性能够很好地适应并融入其中吗?

这正是我们要讨论的问题,女性能否顺利地适应变化了的新环境,是其适应能力面临的巨大挑战。

从世界范围来看

为什么在结婚的时候是女性到男性家中生活?

为什么不是由男性到女性家里生活?

这种倾向不只限于日本,中国、东南亚自不必说,欧洲和美国也是一样,基本上都是由女性进入男性家庭并融入男性的家庭生活。

其原因何在?

坦率地说,似乎还没有人对这个问题进行过认真的思考。

几乎所有人都认为这种现象天经地义,对此早已习以为常。但是,这是不可思议的。

于是,我们需要再次思考这一现象的原因。结果,我们找到的答案竟是"这样做才是正确的选择"。

仅仅这样回答似乎缺乏说服力,但它却可能是最正确的回答。

男女有意愿一起生活的时候,女性走入男性家庭生活的结果大都是成功的。自古以来,这种做法都被证明是明智和正确的选择。

相反,如果是男性进入女性的家庭生活,大多会造成各种矛盾和纠纷,最终以失败收场。

正是由于这个原因,女性进入男性家庭生活的婚姻形态才得以固定并延续至今。在这个意义上,上述回答也许有其合理之处。

男性进入女性的家庭生活

如果男性结婚以后仍以女婿的身份到女方家里生活会是怎样一种情况呢?

这时男方当然不是以养子的身份招赘进入女方家庭,而仅仅是为了结婚。

由于是到别人家中生活,男人们一开始可能会在很多地方自我约束,但是过不了多久,他们就会发现很多方面都变得令人不自在。

从起居室沙发的摆放、电视机的位置到桌椅的摆放方式。

从餐厅、书房的布置到卧室的大小和床的摆放方向。

只要有一个不满意,紧接着就会对所有一切产生不满,并且开始沉不住气。

对于家中这些不会说话的家具之类已是如此,对于家里妻子的兄弟姐妹会是怎样一种情况自然可以得知。事实上,只要与其中一人发生不和,这个家就会立刻待不下去了。

情况还远不止于此,因为一些事情跟岳父岳母意见发生分歧,对他们产生不满时,因为受不了而离家出走都是有可能的。

事情发展到这个地步就无法挽回了,婚姻关系也会岌岌可危。

同样的问题和矛盾,女性进入男方家庭就要少得多,而男性进入女方家庭发生的概率远大于前者,所造成的后果也严重得多。

难以改变的男人们

那么,男性为什么难以跟女方的家人和亲戚和睦共处呢?

原因是所有男人身上共通的，即他们对过去已经熟悉的环境和人际关系有一种执着，并且不善于应对变化。

准确点说，是男性缺乏应对环境变化的能力。

总之，男性不能很好地适应变革。

他们执着于过去熟悉、适应的环境，却排斥和拒绝新生事物。

这正是男性的特征，男性也正因如此更容易保持固有的思想和传统。

相对而言，女性则几乎不可能保持自己独特的思想和传统并且引以为豪。

她们更愿意抛弃身边的东西或者继承父母的东西，并积极去吸收和接受新鲜事物。

这也许可以说是她们具有创造流行和时尚，同时抛弃老旧事物的能力。

在这些方面，女性要远比男性敏感，明显占有优势。

因此，大概可以说男性更执着于现有事物，从而表现出保守性，女性则不拘泥于现在，她们更愿意面向未来，因此更多地具有进步性。

洋不分东西

通过以上对男女不同的分析，我们再次意识到，女性具有灵活性，从积极的意义来看，她们没有明晰的自我。

相反，不管是好是坏，男性都具有独立的自我。

当两者因结婚要面对全新环境时，谁应该是接纳方，谁应该是融入方呢?

我想答案已经不言而喻了。

不愿意改变、环境顺应力弱的男性成为接纳方。相反,环境适应力强、并不讨厌变革的女性应该成为融入方。

这种关系在漫长的历史过程中大量存在,今后也必然继续存在下去。

总之,男女的这种关系一直维持到现在。

而且不光是日本，从亚洲到欧洲，不分东方西方，这种关系普遍得到了保持，确实值得大书特书。

最近的变化

不过男女的关系最近在开始逐渐发生微妙的变化。

例如，过去一直是女性渗入男性的圈子，男性始终是接纳方，近来则开始出现男性打入女性圈子，女性反而成为接纳方的事例。

虽然如此，也并不说明招婿入赘养子关系增多，而只是男性到女性家庭中一起生活，并不存在招赘关系。

这样的情况下家庭矛盾似乎也不突出。

这些融入女性家庭生活的男性，也确实能很好地顺应女性，并能与其家人和睦相处。

一言以蔽之，这也许是所谓的男性女性化或者女性男性化带来的变化，也是一种值得注意的新现象。

在异国定居

我们以婚姻关系为中心分析了男女对环境的适应能力，还有一个重要的问题需要看一看，那就是在异国他乡定居的情况。

例如，在自己的故乡日本以外地区的定居情况，男女在这方面有什么不同呢？

遗憾的是，现在笔者手头上还没有这方面准确的数据。

不过，从一般印象来看，好像女性在异国他乡的定居率更高一些。

当然，男性也有为数不少的人在国外定居，但是其中大部分都是因为工作关系需要长期滞留国外。

相对而言，女性却并不是因为工作的原因，她们似乎更多的是因为爱情、人际关系等的需要而移居国外。

因此，男性在工作任务完成以后一般都会返回日本，而女性则往往居住在当地长期生活。

在这方面，保守和对传统的执着这一大多数男性共同的特点似乎也在起着巨大的作用。

我们已经从多个方面对比分析了男女对新环境的适应能力，基本可以得出结论，女性在适应环境方面能力更强。

虽然近来也有迹象表明这一特点正在发生变化，但就大势来说，女性具有更强的环境适应能力这一结论应该成立。

其十四 男女谁的性快感更强烈

男性的性快感大都集中在瞬间释放，女性的快感则较为复杂多样，存在着较大的个体差异。能够体验性快感的女性和体会不到的女性之间存在巨大的差异，根源都在于其交往对象。男性应该面对这一事实，对自己做认真的反省。

提出这一主题进行讨论，给人感觉也许有些异样，这也算是个惊天大冒险吧。

本章将是这本书的最后一章。

正因如此，我打算冒险探讨一下这个从没有人研究过的涉及男女的根本问题。

性快感复杂多样，也因人而异，个体体验差异很大。

令人困扰的是，性快感会因为接触对象的不同而有天壤之别。

这是否能用语言加以准确把握和描述呢？

我对此抱有深深的不安，姑且斗胆一试吧。

男人的自慰

首先，男性的性快感极其简单和明快。

这是因为男性快感的重点明确，全部集中于一点。

这要点当然是阴茎。

可以说，男性的快感全部集中于这一点。

因此，男性总是在意这一点，并表现出极大的关心。

男性独自一个人的时候，经常会偷偷地触摸它。

如果兴奋起来，就成了自慰。

自己动手解决问题的所谓自慰，对男性而言极其轻松就能做到。

因此，晚上自己待在家里悄悄自慰的男性随处可见。

这种自慰行为，在少年时期就已经开始，往往是背着家长躲起来偷偷进行。

因此，即使妈妈经常待在孩子的身边，也基本上对此毫无觉察。

不过，这种自慰行为大都是一边看黄色照片或者录像一边进行的，那些物品也大都被孩子们藏在桌子的抽屉里。

因此，如果在孩子的房间里发现了类似的东西，基本上可以确定他有自慰行为。

在此应该注意的是，自慰行为本身并不是见不得人的坏事。

孩子从10岁长到十四五岁，完成正常发育以后，开始有自慰行为只是自然成长的结果。

自慰行为本身虽然谈不上是件美好的事，但它是男孩子成长过程中自然发生的行为，作为母亲，应该有责任给予宽容和默许。

实际上，孩子的父亲在年少时也一样有过自慰行为。

所以，当父亲从母亲那儿听说孩子有自慰行为的时候，顶多只会苦笑一声。

可以说，男性的自慰行为是在其成长发育过程中自然发生的现象。当然，其不能在公共场合进行是毋庸置疑的。

希望男孩子能尽量避开家人悄悄进行自慰，同时知道"这是一件让人害羞"的事。

女性的自慰

与男性的自慰相比，女性的自慰是怎么一种情况呢？

坦率地说，女性很少有像男性那样的自慰行为。

原因可能在于，男性的性快感都集中于阴茎这一关键点上，而女性则没有那么明确。

话虽如此，女性也有体验性快感的地方。

那就是位于阴道前面的阴核。

然而，它与男性相比显得太小，连女性自己也难以搞清楚。

而且，男性的阴茎暴露在外，容易把持，而女性只是略有隆起，从外面很难找到。

它也不像男性那样，看到性刺激物品就能立刻勃起变大。

另外，从解剖学的角度来看，女性的阴核主要位于阴道内部，从外面无法看到全部阴核。

要对这个部位自慰，只能用手指轻触表面，进而把手指插入阴道加强刺激。

这么比较也许有些奇怪，男性只要用手握住暴露突出的阴茎进行刺激就能解决问题，而女性却无法做到。对她们而言，这是一项复杂艰难的活动。

也许正是这个原因，跟男性相比，女性很少有自慰行为，尤其是少女时代的女性更为罕见，几乎完全没有。

男性的快感

男女自慰的情况大致如上,下面,我们进入本章的主题讨论——男女谁的性快感更强烈?

答案是女性。

也许很多男性都会对此表示不解。但是,女性对性快感的体验的确更加敏锐、强烈。

自慰的男性最后大都一定要射精,这时的快感体验是全身震颤、脑袋里一片空白,体验非常强烈。

男人们也都认为,如果没有那么美妙的瞬间就一切索然无味了。

确实,男性射精瞬间的快感非常强烈。

然而,快感的时间有些太短了。

射精的瞬间全身颤抖,整个人沉浸在无以言表的快感之中,然而

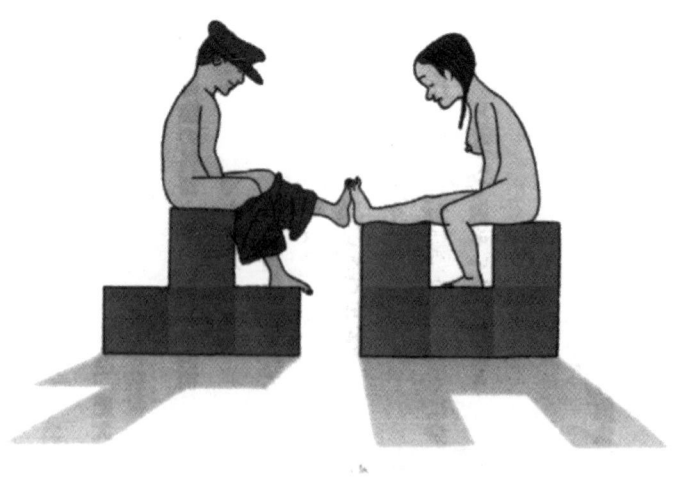

这种美妙的感觉下一个瞬间就迅速消退，取而代之的是无尽的幻灭感。

感觉固然美妙，但消失得也快。

而且之后男性会迅速从快感之中清醒过来。

男性在性行为结束以后，会立刻起身到浴室，或者立刻开始穿衣服。女性对此也往往惊讶不满，究其原因可能就在于此。

总之，男性在射精之前疯狂热烈，一旦射精完毕就立刻冷静下来，又变回平时的自己。

但是这并不代表男性多变或者冷漠。

完全是男性的身体特点使然。

女性的快感

那么，女性的快感是什么样的呢？

可以明确地说，女性的快感因人而异。

仅就自慰而论，就有能够体验到快感的和体验不到快感的区别，这除了跟女性复杂的性器有关之外，还因为自慰抚摸的方式每个人都有不同。

另外，女性自慰的欲望远没有男性那么强烈，而且一般也不自慰。因此，我们还需要看一看在与男性的性生活中，女性如何获得性快感，以及在肉体上和精神上会受到怎样的影响。

在男女性关系的问题上，女性几乎很少有强烈的渴望，各种调查表明，有这种渴望的女性只有 20% 到 30%。

剩余的大多数女性，并不喜欢和男性发生性关系，有相当一部分女性只是因为丈夫要求无奈之下才给予满足。

究其原因，是因为性行为是男女共同进行的活动，男性在其中居于主导地位，男性主导水平的高低直接影响女性的快感体验。

当然，如果是和做爱水平低的男性发生性关系，女性往往没有快感，甚至有时还会产生反感。

相反，如果对方富有做爱技巧，而且还是自己深爱对象的话，女性就能够体验到强烈的快感，享受无比美妙的性高潮。

这种情况下女性得到的性快感，要远比男性射精瞬间体会到的美妙得多。

也正因为此，我们说在对性快感的体验上，女性胜过男性。

要更加温柔平和

至此，我们再一次认识到了，男性的性快感大体一样，都是集中表现在射精的瞬间；相对而言，女性的性快感更为复杂多样，并且其体验也因人而异。

也就是说，她们有的能够体验到深深的喜悦，甚至愿意为此而死，有的却连身体接触都觉得厌烦。

正因如此，对女性体验到的性快感进行评价时，其结果往往会因为情况的不同而有天壤之别。

但是，如果非要评价的话，好像应该是以体验到最强烈快感的女性为标准比较合适。

当然，这样一来，就忽视了那些体验不到性快感的女性，但实在

是不得已而为之。

这样，当用女性最强烈的性快感跟男性射精瞬间的性快感比较的话，不得不说结果是女性获胜。

综上所述,女性和男性谁的性快感更强这一问题的结论不言自明，那就是"女性更强"。

当然也不能忘记，有的女性能够体验到性快感，有的则体验不到，其差异很大。

我们不能忘记，大多数原因几乎都跟与女性接触的男性直接相关。

诸位男性，你们应该正视这个事实，并且对自己进行深深的反省。

要反省实际生活中自己有哪些地方做得不对，哪些做法不受女性欢迎，怎样做会导致她们不快。

围绕这些问题，男女如果能够一起思考，一起讨论，就一定能够找到明确的解决方案。

当然，就这些问题做进一步的分析不是本书的初衷和撰写目的。

但是，如果非要找到其中关键，我想应该是男性在与女性交往的过程中，不能任性自私，要充分照顾对方的心情，更加温柔平和地接触对方。

先是亲吻、情话、爱抚，要在对方兴奋起来以后才开始行动。

希望大家能够记住这些要点。

在此，包括本章在内总计十四章的内容就要结束了。

其中，有不少观点都是源自我个人的主观判断，希望今后大家在思考男女相关问题时，或者是想要留住自己的意中人、维持美好二人世界时能够拿来参考一二，将是我最大的荣幸。

了解男女的根本差别，会有更好的恋爱和夫妻关系

对话　渡边淳一　行正里香

渡边淳一与行正里香（摄影·秋元孝夫）

行正里香　1966年出生于福冈县。留学加利福尼亚期间在房东家做饭时开始对烹饪产生兴趣，经营过广告代理店，之后成为美食研究者。著有《行正里香旅行中的意大利》（小社刊）等多部烹饪书籍。另外，也著有《唱歌、游戏 学英语（对应英语笔记1)》《大声说出来学英语（对应英语笔记2)》等儿童英语教材。

草食男子 × 肉食女子……
男女关系随世而变

行正 我最早阅读渡边先生的作品是在大学时代。书名叫《白宴》，写的是有关心脏移植的故事。当时我就深感钦佩，觉得您对文科和理科都非常精通。后来又相继读了您的《失乐园》《孤舟》等作品，觉得您善于从男性和女性两个角度把握人物，跟其他的恋爱小说明显不同。这让我阅读起来感觉很轻松。

渡边 找到男女的根本差异，提供男人和女人保持良好关系不再分手的方法，是这本书所要追求的目标。现在都说男人越来越弱，女人越来越强，但是一直以来，男人威风八面的背后隐藏着软弱，女人温柔顺从之中却蕴含着坚强。另外，现在有所谓"草食男子"的说法，他们并非没有性欲，只是表达方式发生了改变。只要男人体内依然有男性荷尔蒙，女性体内还有女性荷尔蒙，无论时代怎样变迁，男女的本质永远不会改变。

行正 "草食男子""肉食女子"也许都是很认真的说法，指的是男性也可以表现出脆弱的一面，女性也可以强势些。我过去曾在男人主导的单位工作过，当时就觉得男人其实也很脆弱。他们在争取面子、尊严的同时，还要担负家庭的责任，一有什么变故就会接二连三地倒下。他们脆弱的精神是不是由于什么生理上的原因呢？

渡边 我是一个外科医生，碰到过很多让我惊讶的事。比如对疼痛的反应，四十多岁的强壮汉子在手术时拒绝增打麻醉针以后，竟然因为疼痛过度休克过去。（笑）

行正 我的两个女儿都是剖宫产，做手术的时候我出奇地冷静。我平时酒量不小，担心手术时麻醉不管用，手术的时候还让医生给我加大剂量，而且竟然还能想起来要水喝。想起来，女人真的是很结实啊。（笑）

渡边 确实，男性连十月怀胎都承受不了。女性是负有生育责任的，我准备从生理机制入手对女性的强大进行分析。

懂得男女本质上的不同，才能有永不分离的关系

行正 女性眼中理想的男性形象，是像高仓健那样，话虽不多却什么都能依靠，她们误以为那样的男人家里所有的事情都会为自己做。但是，现实中根本找不到这样的男人，往往是期望越高失望越大。

渡边 行正女士对这个问题的看法很有见地，男人和女人的不同除了外在，还有体内流淌的血液。人类的行动主要是由荷尔蒙主导，因此需要对此有所了解，以构建健康的两性关系。

行正 以前我为做汽车摄影曾去过沙漠和零下几十度的北极圈，

一路上那些埋头工作、从不抱怨的男人深深地感染了我。不过另一方面，在公司里让年轻人帮我做一些事情的时候，他们也会极其认真地告诉我"这些没法子同时干"，让我一下子意识到一次不能让他们干太多的事。

渡边 男人很纤弱，也的确很强大。不过这种强大，是以力胜之，让他们把石头破开，他们能办到。但是，这跟维持家庭和睦关系是两回事。

行正 让他们打开瓶盖肯定没问题。（笑）但是，让他们烧洗澡水、准备做饭、给孩子换尿布等等，那就不行了。让他们做的事太多男人就会发狂，知道这一点以后，我就只让他做一件事。但是，让他打扫浴盆，过不了几天就会发现浴盆早生了霉菌。无奈之下让他倒垃圾，但你会发现垃圾上爬满了苍蝇。这也不行啊。（笑）最后只好让他送女儿上幼儿园了。不过，最近好像学会做我喜欢吃的烧烤了……

渡边 刚才你说的都是男人最不擅长的事。（笑）NHK（日本放送协会）正在播的历史剧中，男人们在战国时代的任务是与敌人作战，在那个时代，谁也不会让他们去做家务活。不止人类如此，自然界的所有雄性生来都是为了战斗。所以，在今天这种没有敌人的情况下，雄性很少有机会体现自己存在的意义。当然，和平是一件好事，男人们不用再去送死了。

行正 所以男人们就沉迷于高尔夫和体育运动了。我们家那位周末就是橄榄球，正需要人的时候不见他人影，真能把人气死，我会找机会冲他发火。（笑）不过冷静下来想一想，他能在其中找到快乐，我们全家不也跟着一起快乐了吗？因此，女性要意识到自己能干，不是弱者，才能活得轻松。现在人们容易受各种信息的影响，但是有一点我想很重要，那就是现在的妻子们需要掌握一门"技术"——不要对丈夫期望过高。（笑）

男人要像男人，女人要像女人，这是先人的智慧

渡边 现在男人们的战场在公司。进入公司的同时，同期生之间的竞争就开始了，始终名列前茅者当经理。

行正 我曾以为只有女人会说人坏话，进入公司以后才发现，男人们也说坏话。

渡边 男人也是嫉妒心很强的啊。总是想着把别人踩下去，这也许是雄性基因在作怪吧。

行正 斗争中获胜却得到孤独，也挺可怜的。

渡边 登上权力顶峰的男人就不能到高架桥下的烧烤店小酌一杯了。（笑）另一方面，在社会竞争中失败的男人回到家里，如果再受到妻子的数落，抱怨他朋友们都是部长级了，而他却仍无一官半职的话，内心的伤痛就更无以言表了。

行正 我们家那位在公司里工作时经常说一句话，"就像背后挨了一箭"。一路拼命工作，到头来还是逃不过别人背后使绊。（笑）

渡边 即使未到此种境地，他心里也一定很受伤，所以一定要温柔地欢迎他回家啊。（笑）

行正 女儿上幼儿园的时候我发现男人是经不起表扬的动物。女

孩子受到表扬时却非常冷静，夸她发型好看，她会反问你："你不是也夸过谁谁了吗？"要是夸男孩子画画得好，他就会一个劲儿地追着给你看他的画作。

渡边 男人会一直这样长大。所以男孩子和女孩子的培养方式一定要有区别。

行正 现在流行男女教育一视同仁，我自认为男孩子要按男孩子的教育方式教育，女孩子要按女孩子的教育方式教育。如果不教育男孩子要有男人样，他也许会动不动就哭鼻子。

渡边 是啊，男人本来就弱嘛。

行正 我们家是两个女儿，所以不会像对男孩子那样严厉，都是很耐心地教她们要把鞋子摆放整齐了、要收拾干净等等。不然的话，她们长大也会很粗放，没有女孩子样儿。时代再怎么变，人类还是动物的一种啊。与其因为时代不同而随意改变，倒不如按照前人的经验来教育孩子，我觉得成功率反而会更高。

渡边 无论是教育子女还是夫妻关系，都要懂得性别不同会导致不同的行为特点这一道理。这对现实生活有很大影响，如果因为不懂这个道理而造成分手是非常可惜的。在夫妻关系中最重要的是要互相尊重，尽管男女不同，但是要始终坚持共担责任的原则。男人不能因为赚钱养家就趾高气扬，这是万万不行的。这方面一定不要搞错了。

行正 我也认为夫妻间最重要的是平等。因为平等，所以能够互相尊重，正因为精神独立，所以能够相互弥补对方的缺点。但是在日本，结婚以后就变成以家庭为中心，男女都变成了家庭中的爸爸妈妈，钱包也合二为一了。渡边先生在《孤舟》中描写的主人公，当还是企业精英的时候把收入全部交给妻子，等到退休的时候才发现已没有自己可以自由使用的资金，后悔不已。

渡边 把收入全部上交以后就以为是自己一个人在养家，这是日本男人在退休以后陷入凄凉境地的最大原因。这样做的结果是，退休以后能否自立都成了问题。

行正 无论是男女的性问题还是退休问题，都是日本人不愿公开谈论的，在某种意义上也是大家所忌讳的问题。您都能够在作品中或者从社会角度，或者从医学角度对这些问题加以分析，娓娓道来，这是我觉得最了不起的地方。而且，无论哪部作品，都能从中感受到您对女性的尊重以及对男性的尊重和怜悯。（笑）您平等对待男女两性的视角，是今后的时代最需要的。

渡边 正因为男女各有差异，才会发生各种冲突，但是也会彼此吸引。认识彼此之间的差异，才能让两个人的关系更加稳固。

海を渡る。